21世纪高等院校计算机网络工程专业规划教材

Linux操作系统基础与实践

吴秀梅 主编 吴月萍 毕烨 熊小华 编著

清华大学出版社
北京

内容简介

本教材内容共分10章，第1章主要讲解操作系统概述、操作系统有关的基本概念及Linux的功能简介；第2章主要讲解Linux基本操作；第3章讲解Linux的用户管理；第4章讲解文件与目录权限；第5章是常用文件内容的查看工具；第6章是Shell编程；第7章讲解Linux程序开发；第8章讲解Linux下的C程序实践；第9章讲解Linux系统管理；第10章讲解操作系统的安全。内容覆盖了Linux基本操作和主要内容，每一章都有本章小结和习题，并配有习题答案，可以帮助学生对相关知识进行举一反三的练习，进而理解基本原理，掌握操作技术。本书是一本符合学生在短期内操作实践、快速掌握的教材。

本教材以"理论够用，侧重实践"为原则编写，适合学生自学，可作为本科、高职高专层次的教学用书，也可以给广大的Linux操作系统入门的专业技术人员以及计算机爱好者提供参考。

图书在版编目(CIP)数据

Linux操作系统基础与实践/吴秀梅主编. —北京：清华大学出版社，2014(2021.12重印)
ISBN 978-7-302-35130-6

Ⅰ. ①L… Ⅱ. ①吴… Ⅲ. ①Linux操作系统 Ⅳ. ①TP316.89

中国版本图书馆CIP数据核字(2014)第012443号

责任编辑：魏江江 薛 阳
封面设计：何凤霞
责任校对：焦丽丽
责任印制：曹婉颖

出版发行：清华大学出版社
网 址：http://www.tup.com.cn，http://www.wqbook.com
地 址：北京清华大学学研大厦A座 **邮 编**：100084
社 总 机：010-62770175 **邮 购**：010-83470235
投稿与读者服务：010-62776969，c-service@tup.tsinghua.edu.cn
质量反馈：010-62772015，zhiliang@tup.tsinghua.edu.cn
课件下载：http://www.tup.com.cn，010-62795954
印 装 者：北京国马印刷厂
经 销：全国新华书店
开 本：185mm×260mm **印 张**：13.5 **字 数**：329千字
版 次：2014年6月第1版 **印 次**：2021年12月第8次印刷
印 数：7801～8800
定 价：29.50元

产品编号：050334-01

前　言

Linux 操作系统是 UNIX 操作系统的一种克隆系统，它诞生于 1991 年的 10 月 5 日(这是第一次正式向外公布的时间)，之后借助于 Internet 网络，并通过全世界各地计算机爱好者的共同努力，已成为今天世界上使用最多的一种 UNIX 类操作系统，而且其使用人数还在迅猛增长。据目前网络统计，世界上排名前 500 的超级计算机中是 Linux 操作系统的占 92.4%。

Linux 是一套免费使用和自由传播的类 UNIX 操作系统，是一个基于 POSIX 和 UNIX 的支持多用户、多任务、多线程和多 CPU 的操作系统。它能运行主要的 UNIX 工具软件、应用程序和网络协议，支持 32 位和 64 位硬件。Linux 继承了 UNIX 以网络为核心的设计思想，是一个性能稳定的多用户网络操作系统。它主要用于基于 Intel x86 系列 CPU 的计算机上。这个系统是由全世界各地成千上万的程序员设计和实现的。

Linux 以它的高效性和灵活性著称 Linux 模块化的设计结构，使得它既能在价格昂贵的工作站上运行，也能够在廉价的 PC 上实现全部的 UNIX 特性，具有多任务、多用户的能力。Linux 是在 GNU 公共许可权限下免费获得的，是一个符合 POSIX 标准的操作系统。Linux 操作系统软件包不仅包括完整的 Linux 操作系统，而且还包括了文本编辑器、高级语言编译器等应用软件。它还包括带有多个窗口管理器的 X-Windows 图形用户界面，如同我们使用 Windows 一样，允许我们使用窗口、图标和菜单对系统进行操作。

本书介绍了 Linux 操作系统的基本概念与基本操作技术。通过学习 Linux 基本操作、Linux 的用户管理、Linux 的文件与目录权限、Linux 的常用文件内容的查看工具、Shell 编程、Linux 程序开发、Linux 下的 C 程序实践、Linux 系统管理、Linux 操作系统的安全，使学生能够在短期内操作实践，快速掌握 Linux 操作系统。

我校计算机网络工程专业和其他计算机相关专业的学生都需要学习操作系统这门重要的选修课程。教学中我们感到要么教材太浅，要么教材太深，不适合我们专业的教学。在这种情况下，我们多次研究总结，参考以前使用的相关教材，编写了这本教材，并在使用中得到了较好反应，于是决定正式出版方便同类学生使用。

本教材编写的原则是：针对操作系统原理，使学生掌握 Linux 操作系统的基本概念与基本操作技术。本教材编写的特点：注重理论联系实践，由浅入深介绍 Linux 操作系统的基本概念与基本操作技术，使学生较快掌握并能应用到实际需要解决的问题中。本教材着力于理论联系实际，也给广大的计算机用户学习 Linux 操作系统提供一些帮助。

本教材由上海第二工业大学吴秀梅负责主编，吴月萍、毕烨、熊小华参编。为了满足我校教学的迫切需要，作者通过收集大量资料，经过多个学期教学实践反复论证，完成此教材的编写。本教材有配套 PPT 课件。为了适合本科及高职高专层次的学生掌握 Linux 操作系统,本书尽量做到通俗易懂。

由于作者水平有限,书中错误与欠妥之处敬请读者予以指正。

编　者

2014 年 1 月

目录

第1章 操作系统概述

1.1 操作系统基本概念

在如今科技飞速发展的时代，计算机已经成为日常生活和工作的常用设备。计算机在设计和开发的初期，其初衷在于帮助人们进行大量的运算工作。随着科学技术的发展，CPU(中央处理器)的功能日益强大，性能不断提高，计算机的使用范围越来越宽广。如今，计算机每天都为人们处理着各种日常事务。

一台计算机被它的核心——CPU进行全局控制。对于一台功能齐全的计算机而言，只有CPU一个设备是无法为用户提供丰富的功能的，生活中常见的计算机一般都有以下设备。

输入设备：如鼠标、键盘、光驱、USB设备等。

输出设备：如屏幕、打印机等。

控制设备：如CPU、内存、显卡、其他芯片等。

存储设备：如硬盘、SSD固态盘、光盘等。

以上这些设备就是组成计算机的主要部件。为了连接这些设备，就需要用到主板，主板通过各种接口，如PCI插槽、PCI-E插槽、内存槽、CPU槽、IDE接口、SATA接口等，与所有外接设备进行连接，并通过其内部的线路通道，使这些设备之间互相连通，从而使它们可以进行数据通信。

计算机只能识别0/1，所以计算机主要是以二进制方式来计算的，通常计算机的记忆/存储单位以B(Byte，字节)、b(bit，位)为基本单位，它们的换算关系如下：

1B=8b，

1KB=1024B，

1MB=1024KB，

1GB=1024MB，

1TB=1024GB。

在整个通信过程中，由CPU作为总司令部，通过下达指令的方式，管理着计算机中每个设备的运作。CPU控制显示卡在屏幕上显示想要的画面，控制网卡进行网络通信，控制声卡播放声音，以及控制CPU自己，进行一系列复杂的计算。

综上所述，CPU是整台计算机的司令部，控制着计算机的一举一动。那么，CPU根据什么进行指令的下达，又是什么在控制着CPU的一举一动呢？这就是操作系统。操作系统可以控制CPU进行正确的运算，间接地控制着计算机中所有的硬件设备。如果没有操作系统，那么整台计算机也就是一堆废铁而已。

如今的操作系统种类繁多，其中较为流行的操作系统有以下几种。

1. UNIX

1973年UNIX正式诞生，Ritchie等人用C语言写出第一个正式的UNIX核心，如今UNIX仍活跃在计算机的服务器领域中。UNIX强大的多用户模式、多任务模式，以及支持多处理器的架构，在那个年代，都是让人叹为观止的功能。如今UNIX操作系统分为两大派系：UNIX System V和BSD UNIX。

2. Microsoft Windows 微软视窗

在全球桌面操作系统的市场中占有90%左右的份额。从早期的Windows 3.2到逐渐成熟的Windows 98，再到2001年10月发布的Windows XP（其在PC中占有率超过了80%），以及在2009年10月发布的Windows 7，微软不断突破计算机的极限，让计算机显得更加平易近人。在此期间，微软也推出多个服务器版本，包括Windows 2000、Windows 2003、Windows 2008以及Windows 2008 Core版本。2012年10月，微软推出最新版本Windows 8操作系统。

3. MAC OS

苹果公司的MAC OS操作系统，也是如今唯一能在桌面系统领域与微软抗衡的操作系统，是一套运行于苹果Macintosh系列电脑上的操作系统。实际上，MAC OS的图形化界面比微软的Windows系统更早，但由于某些原因，并未在该领域中取得先机。MAC OS是基于UNIX内核的图形化操作系统，MAC操作系统无法运行于非苹果的计算机硬件平台上。MAC OS在平面设计、音视频制作和出版领域仍然是最好的选择，因此，许多商务人士更偏爱MAC OS。

4. Linux(UNIX Like)

由芬兰一名大学生Linus Torvalds（托瓦兹）于1991年开发，经过多次修改后，正式发布。Linux是GNU计划的产物（GNU计划将在后续章节进行介绍）。

Linux系统的飞速发展得益于它是一款自由的、开放的操作系统，如今已拥有几十种不同的完整版本，包括RedHat、CentOS、Debian、Ubuntu、Fedora等。如今的Linux在服务器领域，拥有着至高无上的地位。不仅如此，由于Linux是一款开源软件，源代码完全公开，使得Linux的使用非常灵活，可以安装在各种电子设备上，例如手机、平板电脑、路由器、台式机、大型计算机、超级计算机。如今智能手机的典型操作平台，Google公司开发的Android系统，就是Linux手机平台的代表作。

截至2012年10月，Linux的内核版本已更新至3.6，但大多数企业与个人都还在使用相对早期的2.6内核版本，可在Linux内核官网http://www.kernel.org进行下载。

Linux是本书的重点，在接下来的内容中，将对Linux操作系统进行更加详细的介绍。

1.2 Linux简介

1.2.1 Linux发展历史

早期的计算机非常昂贵，并非普通人可以使用，而且，当时的计算机性能并不高，功能也很局限。经过长期的发展，人们开始使用键盘对计算机进行输入，使用显示器用于显示计算机的输出信息。

虽然早期的计算机性能比现在的计算机性能差了很多，但是相对于人脑，其运算速度已经相当惊人，因此在教育、科学、军事等领域，计算机的功能还是非常有用的。不过由于计算机价格昂贵，往往在一个学校中，也只能拥有一台计算机，因此教师们想要使用计算机，都必须前往计算机所在的房间，就算是要进行一些几秒钟的程序处理，也都必须“长途跋涉”。另外，每台计算机同时也只能有一个用户登录，同时只能处理一个任务，这使得计算机的使用不方便，效率也非常低下。

1. 兼容分时系统与 Multics 计划

为了提高计算机的效率，1960 年初麻省理工学院开发了一套系统，称为“兼容分时系统”(Compatible Time-Sharing System，CTSS)。该系统大致运行原理如图 1-1 所示，图中的显示器与键盘称为“终端”，这些终端自身无法进行计算与输入输出功能，需要通过线路与主机相连，所以，无论主机在哪里，只要使用者来到任意一台终端面前，就可以使用主机进行计算处理了。并且，主机的兼容分时系统，支持多用户同时登录，对多个程序同时进行处理，使得计算机的效率大大提升。

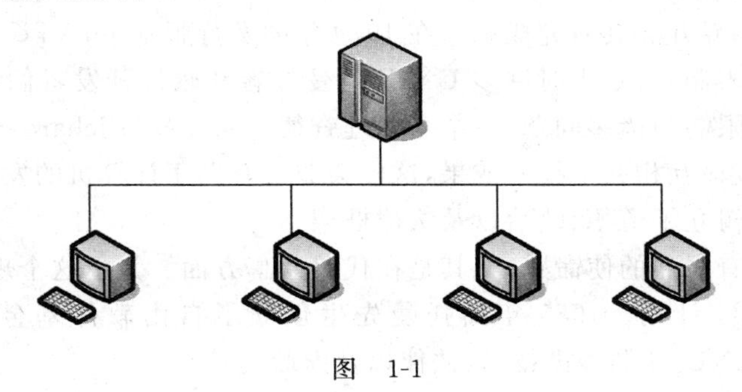

图 1-1

虽然兼容分时系统大大地提高了使用计算机的便捷度与效率，但是当时性能较好的计算机，最多也只能支持 30 个终端而已，因此，人们需要一套更加好的系统。于是，在 1965 年前后，由贝尔实验室(Bell)、麻省理工学院(MIT)与通用公司(GE，或称为通用电气)共同发起了一个研发计划，称为 Multics 计划，其目的是让大型主机可以同时支持 300 个以上的终端机连接使用。不过，到了 1969 年前后，由于计划进度缓慢，资金短缺，该计划虽然继续在研究，但最终贝尔实验室还是选择了退出，Multics 计划也在不久后宣告失败。

2. UNIX 与 C 语言

虽然 Multics 计划失败了，但是并非完全没有收获。人们通过 Multics 计划还是获得了很多研究成果，有一些人从这些成果中得到了许多启发，Ken Thompson 就是其中之一。Thompson 是 Multics 计划的参与者之一，在计划失败之后，他继续致力于相关研究。在 1969 年 8 月，Thompson 使用汇编语言，仅用了一个月的时间，编写了一套操作系统，当时 Thompson 将其称为“Unics”，经过简化后的 Unics，是相对于庞大复杂的 Multics 系统的一个戏称，后改名为 UNIX。

UNIX 操作系统非常实用，可以很高效地完成任务。到了 1973 年，UNIX 已经有了两个版本，Ken Thompson 与其好友 Dennis Ritchie，正开始筹划 UNIX 的第三个版本，但是有一件事让他们烦恼，那就是编写程序的语言。UNIX 开发初期使用的是汇编语言，但是该语言的编写非常烦琐与复杂，因此，他们希望可以使用一种更加高级的语言进行编写。这个想法在当时,算是相当疯狂的。一开始,他们想尝试使用 Fortran,可惜失败了。后来他们使用了一个叫 BCPL 的语言,但是 Dennis Ritchie 觉得 B 语言还是不能满足要求,于是他们就对 B 语言进行了改良,将 B 语言重新改写成 C 语言,这就是如今大名鼎鼎的 C 语言。Ken Thompson 与 Dennis Ritchie 成功地使用 C 语言重写了 UNIX 的第三版内核。由于使用了相对灵活的 C 语言,使得对 UNIX 操作系统的修改、移植都相当便利,为 UNIX 日后的普及打下了坚实的基础。而 UNIX 和 C 语言完美的结合,使得 C 语言与 UNIX 很快成为当时计算机领域的主导。

3. UNIX 的两大阵营与 GNU 计划

20 世纪 70 年代末,美国 AT&T 公司成立 UNIX 系统实验室,研究成果成为 UNIX 两大阵营之一:UNIX system V。随后,加州伯克利大学(Berkeley)以 UNIX 第六版为基础,推出了自己的 UNIX 操作系统,成为后来另一阵营 UNIX BSD。如今的 UNIX 有许多衍生产品:AIX、Solaris、HP-UX、IRIX、OSF、Ultrix 等。

由于 AT&T 公司是一家商业公司,出于商业方面的考虑,AT&T 公司决定回收 UNIX 的版权,不再对学术界开放其研究成果。在 1979 年的发行版本中,AT&T 对新的 UNIX 产品提出了许多严格限制,这令当时许多 UNIX 的爱好者和软件开发者们都相当反感。随着商业化版本的种种限制与诸多问题,一个名叫理查德·斯托曼(Richard Stallman)的人站了出来,他认为大家应该互相共享技术成果,这样会非常有助于计算机的发展。他最大的影响是为自由软件运动树立了道德、政治以及法律框架。

斯托曼本人拥有强烈的使命感,尤其是在代码共享方面。为了这个理想,斯托曼先生于 1984 年创立了 GNU 计划。1985 年斯托曼先生创立了自由软件基金会(Free Software Foundation)来为 GNU 计划提供技术、法律以及财政支持。

GNU 计划旨在开发一套与 UNIX 类似的操作系统,这个系统完全由自由软件构成。GNU 的目标是编写大量兼容于 UNIX 系统的自由软件,其中有许多软件如今已经家喻户晓,如 FireFox 网页浏览器、OpenOffice 办公软件、Apache 网站服务器软件、GNU C 语言、GNU C Library 语言库(glibc)。

斯托曼先生同时也制定了一套用于 GNU 自由软件的通用许可协议,被称为 GPL 协议。斯托曼对 GPL 一直是强调 Free,这个 Free 的意思是这样描述的:

"Free software" is a matter of liberty, not price。To understand the concept, you should think of "free" as in "free speech", not as in "free beer"。Free software is a matter of the users' freedom to run, copy, distribute, study, change and improve the software。

大体意思是,Free Software(自由软件)是一种自由的权力,并非是"价格"。比如说,您可以有自由呼吸的权力,拥有自由发言的权力,但是,这个并不是代表您可以到处喝"免费的啤酒"。也就是说,自由软件的重点并不指"免费",而是指具有"自由度"(freedom)的软件。

斯托曼先生进一步解释自由度的意义是:

(1) 用户可以自由执行、复制、再发行、学习、修改和强化自由软件;

(2) 基于自由软件修改再次发布的软件,仍需遵守 GPL。

GPL 并不排斥对自由软件进行商业性质的包装和发行,也不限制在自由软件的基础上打包发行其他非自由软件。

4. 托瓦兹(Linus Torvalds)的 Linux 开发

20 世纪 80 年代,MS-DOS 操作系统一直占微机系统的领导地位,此时计算机硬件价格虽然逐年下降,但软件价格仍然居高不下。当时苹果公司的 MAC OS 操作系统是性能最好的,但因其价格昂贵,使得没人敢轻易靠近。到 1991 年,GNU 计划已经开发出了许多工具软件,但是还没有出现一款免费并且完善的 GNU 操作系统。虽然 GNU 计划当时已经开发出了 Minix 操作系统,但这套系统并不完善。

一名芬兰的大学生——托瓦兹(Linus Torvalds),他的外祖父是赫尔辛基大学的统计学家,为了让 Torvalds 能多学点知识,从小就让 Torvalds 接触一些计算机方面的东西。从那时起,Torvalds 便开始接触了汇编语言、芯片等。

早期的个人计算机要芯片 x86 系列并不完善,无法很好地处理多进程模式,与大型计算机的 CPU 的性能相差太多。Linus Torvalds 需要顺利地开展工作,就必须到学校的主机上操作,但是学校总共只有一台 UNIX 操作系统的计算机,想要使用会相当不便。这样的情况,直到 386 系列的计算机推出后,发生了改变。Linus Torvalds 在得知 386 芯片的相关信息之后,立即购买了一块 Intel 386 芯片,并在计算机上安装了 GNU Minix 操作系统。

Andrew Tanenbaum 教授是 Minix 操作系统的研发者,他希望将该系统用于教育行业,因此对操作系统的开发并不是非常热衷,导致 Minix 的发展非常缓慢,对许多硬件的驱动支持都无法快速地提供。于是 Linus Torvalds 开始酝酿着自己开发一套操作系统。Minix 的操作系统是一套开源操作系统,因此,Minix 的产品中提供了该操作系统的源代码。1991 年夏天,Linus Torvalds 根据 Minix 的设计理念,编写了一个小内核(仅仅是设计理念,并没有使用 Minix 的源代码)。该核心可以很好地运行在 386 的架构上。但这明显还不够,Torvalds 想得到更多人的建议,于是他将小核心发布在他的 FTP 目录中供大家下载,同时在其 BBS 上介绍了他的小核心。

5. 虚拟团队的建立

起初 Linus Torvalds 仅是为了好玩,并没有想到他正在做一件与 GNU 计划一样伟大的事情。Linus Torvalds 的内核非常好用,大家纷纷下载这个小核心。由于 FTP 的目录名为 Linux,于是大家就将这个内核称为 Linux。第一个被放到 FTP 中的内核版本为 0.02。

此后 Linus Torvalds 对这个核心版本进行不断的改善,使它可以兼容更多的软件以及可以运行在各种不同的计算机硬件上。Linux 是一款开源操作系统,所以,任何一个人都能对它进行修改,于是越来越多的人开始参与 Linus Torvalds 的工作,一起参与对 Linux 的改进。

这是一个虚拟的团队,成员彼此之间素未谋面,他们遍布在世界的各个角落。在大家共同的努力下,Linux 成立了其官方网站 http://www.kernel.org。在 1994 年 3 月终于完成了 Linux 第一个正式版本——Linux 1.0(截至 2012 年 10 月,Linux 的内核版本已更新至 3.6)。

如今的 Linux 已经广泛地应用于计算机、路由器、手机以及各种信息化的平台。

(1) Web 领域,Linux 的 Apache 网站服务器拥有着 69%占有率。

(2) 全球十大巨型机中,有四台在使用 Linux 操作系统。

(3) Linux 获得了许多大型数据库软件的支持,Oracle 数据库每个新版本都会在 Linux 平台上最先被发布。

(4) IBM 大型机全面预装 Linux 操作系统，HP、Sun 公司也推出了自己的桌面发行版本。

(5) Iptables 作为 Linux 内核自带的防火墙，由于其免费、高效、功能齐全的特点，广泛应用于许多企业，其源代码被嵌套在许多软件、硬件防火墙内部。

1.2.2 Linux 的版本

在前文中已经多次提到“内核版本”这个词，那到底何为内核版本？内核版本是一串由四个通过句点进行分隔的数字，例如 2.6.18.13，其中四个数字都有不同的意义，说明如下。

(1) 2：主版本号。

(2) 6：次版本号。

(3) 18：末版本号。

(4) 13：修正版本号。

主、次版本号：主版本号与次版本号结合，代表着一套完整的 Linux 内核体系，不同的主版本号与次版本号有着很大的区别，例如，2.4 与 2.6 内核，有着完全不同的结构系统，基于 2.4 内核的软件，大多无法在 2.6 内核上运行。通过 Linux 内核官网，或各个 Linux 发行商下载到的 Linux 版本，它们的次版本号均为偶数，这是因为次版本号为奇数的版本均为测试版，有着许多 BUG 和漏洞。次版本号为偶数的版本，均为稳定版本，这些版本都已经进行了长期的测试，确认没有严重的 BUG 与漏洞后，才会在其官方网站发布。举个例子来描述这个过程，假设有一个 2.4 内核没有的功能，开发团队会将其加入到 2.5 内核中进行测试，经过长期的测试，这些功能被不断地完善，最终该功能的稳定模块会被加入到 2.6 内核中，提供下载。

末版本号：在版本号前两位不变的情况下，开发团队会不断为内核加入新功能，每当内核加入了一些新功能的时候，末版本号都会增加，例如，同样是 2.6.16 与 2.6.18，它们的 Linux 架构体系是一样的，区别是 2.6.18 拥有更多的功能，被加入了更多的新模块。

修正版本号：内核有新功能的加入，就意味着可能会有新的 BUG 出现，因此，开发团队需要对这些 BUG 进行修正，当功能不变的情况下，对内核进行了一些 BUG 的修复，修正版本号都会增加。例如，2.6.18.12 与 2.6.18.13，模块功能是完全一样的，没有新的功能被加入，区别是修复了一些漏洞，以使内核更加稳定(需要注意的是，并不是每个内核版本，都有修正版本号)。

如何查询 Linux 版本号呢？可以使用 uname -r 命令，代码如下：

```
[root@localhost ~]# uname -r
2.6.18-164.el5PAE
```

可能现在，您手头并没有一部可以使用的 Linux 计算机，但不用着急，在随后的课程中，很快会介绍如何在一台计算机上安装 Linux 操作系统。

从上面的代码中可以看到，主版本号为 2，次版本号为 6，末版本号为 18，没有修正版本号。可以看到，在 Linux 版本号之后，有一串“-164.el5PAE”，这是由 Linux distribution 发行商额外添加的(Linux distribution 的概念在下文中会进行介绍)，最后的 PAE 表示内核安装了 PAE 扩展软件，可以使原本只能识别 4G 内存的 32 位计算机，可以识别 64G 内存。

之前所说的版本为 Linux 内核版本，下面介绍什么是 Linux 发行版本。

虽然 Linux 的内核已经很完善了，但是这仅仅只是一个内核而已，内核仅仅提供一些基本的命令给用户对计算机进行控制。仅靠这些基本的命令，所能实现的功能还是很局限的，因此，内核需要与各种软件结合，将各家厂商的软件安装于 Linux 上，才能使 Linux 成为一个完整的操作系统。安装各种不同的软件，在当时可不是一件容易的事情，需要经过许多烦琐的步骤，并不是每个人都可以做到的，另外，将 Linux 内核的源代码编译成可执行文件，并安装于计算机上，这也是相当困难的。Linux 1.0 的开发团队，个个都是当时技术顶尖的黑客高手，在开发过程中，他们并没有考虑到这点，没有考虑到使用者能力有限，所以，当时只有一些计算机方面的工程师才对 Linux 有兴趣。

为了能让更多的使用者可以接触 Linux，许多商业性厂商与一些网络虚拟团队，开始将 Linux 核心与一些优秀的软件进行结合，加上一些自己的创意，打包成一个完整的 Linux 操作系统，并将其刻录在光盘中进行引导，加入了图形化的安装模式，大大简化了 Linux 系统的安装，使得每个人都可以轻松地将 Linux 安装在自己的计算机上，将这种打包的操作系统称为 Linux distribution。如今，Linux 常见的发行版本已经有几十种，其中包括以下几种。

(1) Red Hat Enterprise：Red Hat 公司商业化运作的发行版本。

(2) CentOS：模仿 Red Hat Enterprise Linux 的免费发行版本。

(3) Slackware：由 Patrick Volkerding 制作的 GNU/Linux 发行版。

(4) Suse：以 Slackware Linux 为基础，并提供完整德文使用界面的产品。

(5) Debian：一款流行的非商业性质的发行版本，由 Debian 维护社区发布。

(6) Fedora：Red Hat 公司的桌面版，也作为 Red Hat 公司的测试系统使用。

(7) Gentoo：一款基于源代码的发行版本，使用者需要对系统进行编译安装。

(8) Ubuntu：Debian 的精炼版本，是如今流行的 Linux 桌面版本。

Red Hat 创建于 1993 年，是目前世界上最资深的 Linux 和开放源代码提供商，同时也是最获认可的 Linux 品牌。据说 Red Hat 的老板平时喜欢戴着一顶红色的帽子，也许这就是“Red Hat”名字的由来。红帽基于开放源代码模式，为全球企业提供专业技术和服务。红帽的解决方案包括红帽企业 Linux 操作平台以及其他内容广泛的服务。红帽以订阅的商业模式向用户提供不间断的产品和服务，在全球 60 多个地点提供培训课程，其中的 RHCE 认证已经成为 Linux 认证的标准。

如图 1-2 所示，是 Red Hat Linux 每个发布版本的名字与发布日期，Red Hat 每个发布版本，都会为该版本起一个名字，如 Red Hat 1.0，起名为 Mother's Day。

在 2000 年，红帽发布 Red Hat 6.2 的同时，发布了一款企业版本，名为 Red Hat Linux 6.2E。

随后又在 Red Hat 7.2 的发布会中，发布了企业版 2.1，您可能会问为什么没有 1.0 版本？因为前面提到的 Red Hat Linux 6.2E，正是 Red Hat 公司的第一款企业版本。

在 2003 年 10 月 22 日 Red Hat 公司决定不再发布桌面版本，专注于服务器行业，之后发布的红帽，均为 Red Hat Enterprise 企业版本，因此红帽的 Red Hat 9.0 是红帽的最后一款普通版。不过红帽公司并没有放弃桌面领域，在第三款企业版发布的同时，红帽公司发布了 Fedora Core 1 版本。

```
Red Hat 1.0 (Mother's Day)                                                  1994年11月03日
Red Hat 1.1 (Mother's Day+0.1)                                              1995年08月01日
Red Hat 2.0                                                                 1995年09月20日
Red Hat 2.1                                                                 1995年11月23日
Red Hat 3.0.3 (Picasso)                                                     1996年05月01日
Red Hat 4.0 (Colgate)                                                       1996年10月08日
Red Hat 4.1 (Vanderbilt)                                                    1997年02月03日
Red Hat 4.2 (Biltmore)                                                      1997年05月19日
Red Hat 5.0 (Hurricane)                                                     1997年12月01日
Red Hat 5.1 (Manhattan)                                                     1998年05月22日
Red Hat 5.2 (Apollo)                                                        1998年11月02日
Red Hat 6.0 (Hedwig)                                                        1999年04月26日
Red Hat 6.1 (Cartman)                                                       1999年10月04日
Red Hat 6.2 (Zoot)                          Red Hat Linux 6.2E              2000年04月03日
Red Hat 7 (Guinness)                                                        2000年03月27日
Red Hat 7.1 (Seawolf)                                                       2001年04月16日
Red Hat 7.2 (Enigma)                        Red Hat Enterprise Linux 2.1    2001年10月22日
Red Hat 7.3 (Valhalla)                                                      2002年05月06日
Red Hat Enterprise Linux 2.1 AS (Pensacola)                                 2002年05月26日
Red Hat 8.0 (Psyche)                                                        2002年09月30日
Red Hat 9 (Shrike)                                                          2003年03月31日
Red Hat Enterprise Linux 3.0 (Taroon)       Fedora Core 1 (Yarrow)          2003年10月22日
Red Hat Enterprise Linux 4.0                                                2005年02月15日
Red Hat Enterprise Linux 5 (Tikanga)                                        2007年03月14日
Red Hat Enterprise Linux 6 (Beta2)                                          2010年07月01日
Red Hat Enterprise Linux 6.0 (Santiago)                                     2010年11月10日
```

图 1-2

如今 Red Hat 已经发行第六个企业版，但是该版本刚发行不久，许多功能尚未稳定，更多企业与个人更愿意选择相对稳定的 5.4 版本。

1.3 Linux 与 Windows 的优缺点

同样作为操作系统，Linux 与 Windows 相比主要的优势和劣势有哪些？对于以 Linux 作为操作系统，这一直是一个讨论中的问题。

表 1-1 中可以很清晰地看到 Windows 与 Linux 之间的区别。在稳定性和安全性方面 Linux 都占据了绝对的优势；在软、硬件支持方面，Windows 占据着优势；在费用与源代码开放程度上，Linux 以完全开放的代码和免费的特点，占据着绝对优势。

表 1-1 系统区别

特 点	Windows	Linux
安全特性	一般	好
稳定性	好	很好
软件支持	很好	好
硬件支持	好	一般
源代码	保密	开放
系统可调节性	基于界面的规范性，更易于调节	具有极大的可调节性
使用方便性	非常方便	方便
版权限制和费用	有	无
技术支持	好	基于团队形式的

本章小结

(1) Linux操作系统的源代码是公开和免费的，这一特点成为它迅速发展壮大的主要原因。

(2) 目前Linux操作系统已经赢得了国际上众多大型软件公司的支持。

(3) 要了解Linux操作系统的发展，首先要了解UNIX操作系统的发展和开放源代码操作系统的发展。

(4) GPL的主要目标是保证软件对所有的用户来说是自由的。

(5) Linux的版本分为发行版本和内核版本，而内核版本又分为开发版本和稳定版本，开发版本和稳定版本是相互关联的。

(6) Linux和Windows两个操作系统各有优缺点，两者也在很多情况下互相借鉴，互相融合。

习　　题

1. 简述GNU是什么，Linux的发展历史，以及它们之间的关系，GNU与Linux分别是由谁发布的？

2. 一个较完整的操作系统，包含哪些部分？

3. 1TB硬盘空间等于多少KB？

4. Linux分为内核版本与发行版本，它们之间有什么区别，各代表了什么意思？

5. 请列举，Linux的成功因素有哪些？

第2章 Linux 基本操作

通过第1章，我们了解了 Linux 的相关知识，Linux 从何而来，以及各种各样的 Linux 发行版。本章会详细地讲解如何安装一台 Linux 操作系统以及一些简单的操作，通过操作对 Linux 有一个简单的上手过程。

2.1 系统安装

2.1.1 安装前的准备工作

确定版本：操作系统的平台是基于 Red Hat Enterprise Linux 9.0 版本的，如果使用红帽的其他 Linux 版本进行操作，部分实验的结果可能会与本书有所出入。RHEL 为 Red Hat Enterprise Linux 的简称，书中将会以 RHEL 来代替红帽企业版操作系统。

下载镜像：安装红帽操作系统，首先需要获取到 Red Hat 光盘镜像文件。镜像文件可以通过红帽官方网站，或者一些相关的软件下载平台进行下载。下载与使用这些镜像文件是完全免费的。一般镜像文件都是以"iso"作为文件的扩展名，比如 RHEL 9.0.iso。

硬件准备：RHEL 9.0 几乎可以运行在任何一台计算机上，只要计算机内存大于 256MB，磁盘剩余空间大于 10GB，CPU 架构在 386 以上，便可安装 RHEL 9.0 操作系统。对于这样的配置要求，如今大部分计算机都可以达到。

当然，您可能手头没有一台空闲的计算机可以用于安装 Linux 操作系统，没有关系，您可以安装双系统方式，或者使用虚拟机软件等方式，在您的计算机上安装另一个操作系统。建议使用虚拟机软件的方式来安装 Linux，这样一旦 Linux 系统出现问题，不会影响自身计算机系统的正常使用。

有许多性能优秀、功能丰富的虚拟机可供选择，比如 VMware、Hyper-V、Virtual PC 等。

引导工具：硬件、光盘镜像文件有了，接下来就需要一个工具，将镜像与硬件连接起来，将镜像中的内容载入计算机中。有许多工具可以选择，比如光驱引导、U 盘引导、网卡引导，或者是虚拟机中有许多虚拟的引导工具，这些工具都是非常容易得到的。

2.1.2 Linux 安装及配置

准备工作都已经做好了，接下来，就可以开始安装 Linux 操作系统了，操作步骤如下。

(1) 将光盘插入光驱(也可能是 U 盘，或者是引导虚拟机镜像)，按下开机按钮，会弹出计算机开机的第一个界面，即 BIOS 欢迎界面，此时按下 F12 键(有一些计算机可能是 F10 键或者 ESC 键，这是根据主板的 BIOS 快捷键所决定的)，将会进入一个引导选择界面，如图 2-1 所示。

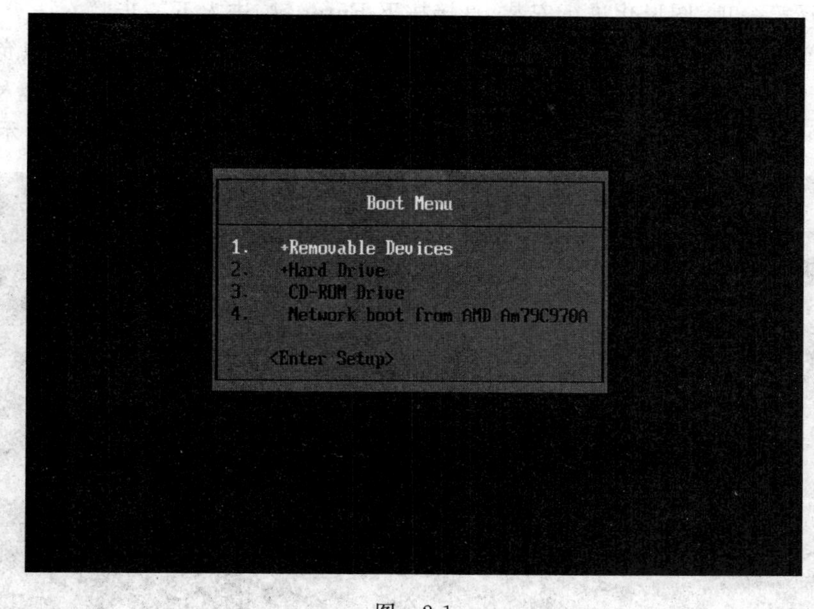

图 2-1

很明显，这里应该选择“3. CD-ROM Drive”，使用光盘引导启动。

(2) 进入光盘引导之后，计算机会立即将光盘镜像中的部分内容载入内存中。

载入完成之后，就会进入 RHEL 9.0 的安装界面，如图 2-2 所示，系统提示三种安装选择：

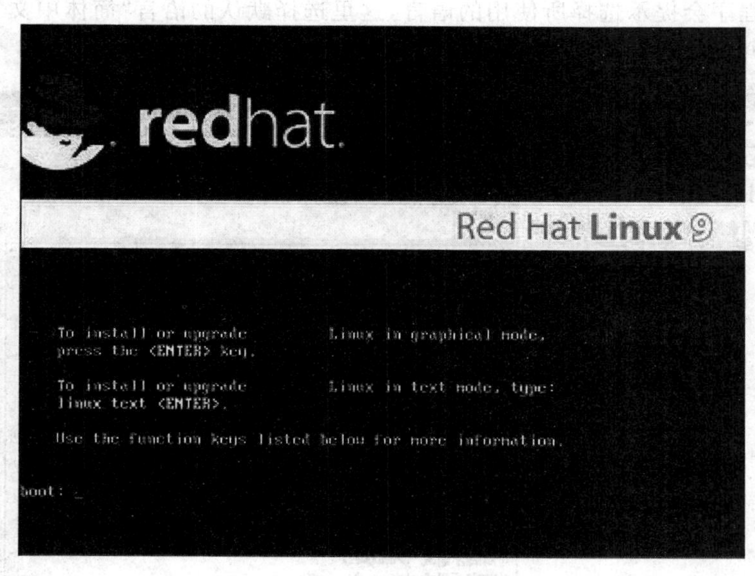

图 2-2

① 使用图形化进行安装系统(按 Enter 键进入)；

② 使用命令行进行安装系统(输入 ENTER 进入)；

③ 使用其他方式，比如一些网络方式进行安装。

这里选择第一项，图形化进行安装，直接按下 Enter 键，进入下一步。

(3) 接着，计算机都会对光盘进行一次全面的检测，检查光盘的完整性，以免安装过程中，出现由于磁盘问题而导致的错误、计算机死机等现象。进行一次完整的光盘检查需要消耗大量的时间，因此这里往往选择跳过单击 Skip 按钮，不进行检测，如图 2-3 所示。

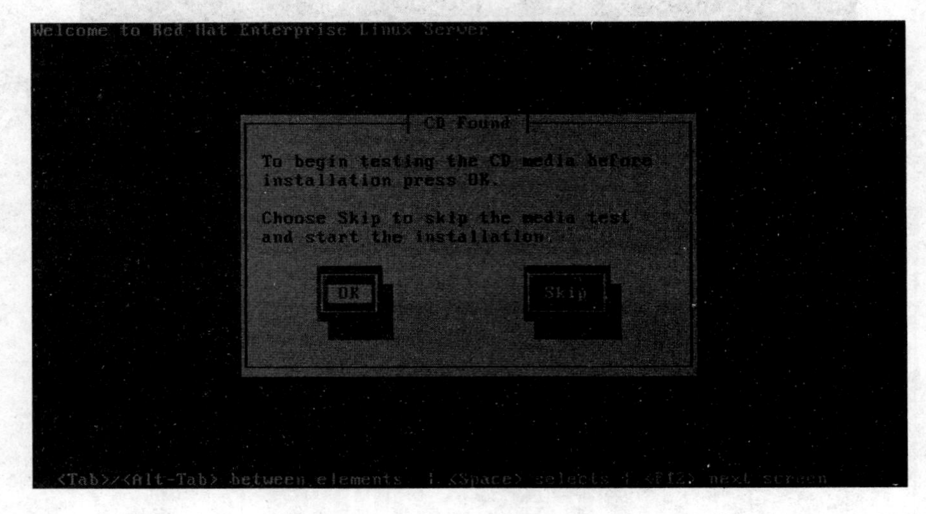

图 2-3

(4) 接下来，屏幕显示了第一个欢迎界面，表示可以开始安装 Linux 操作系统了，单击 Next 按钮，进入下一步。

(5) 安装程序会提示选择所使用的语言，这里选择默认的语言“简体中文”，如图 2-4 所示，选择之后，单击“下一步”按钮。

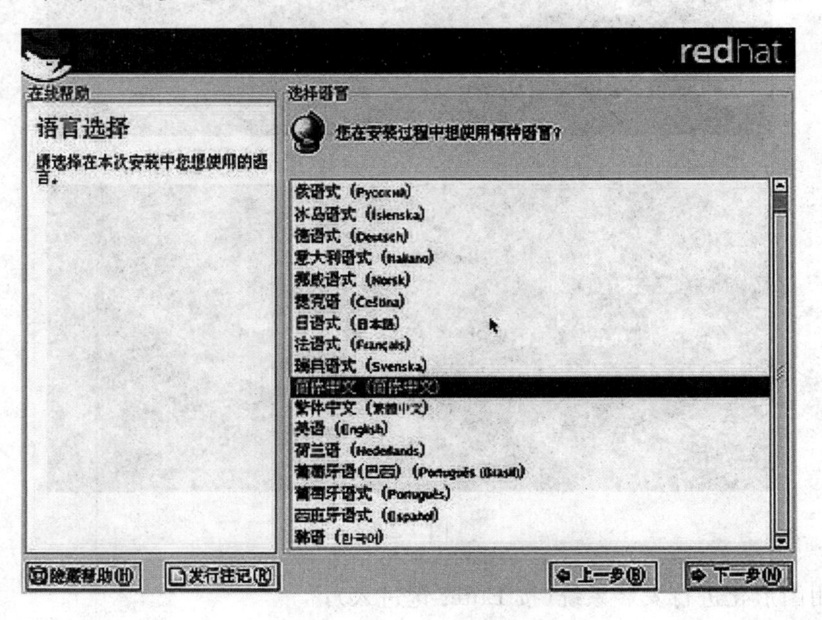

图 2-4

(6) 接下来安装程序会提示，选择一种键盘类型，选择“U. S. English”，也就是常用的“QWER”美式键盘，如图 2-5 所示，选择之后，单击“下一步”按钮。

图 2-5

(7) 单击“下一步”时，会弹出如图 2-6 所示的对话框，要求输入一串序列号，前文中提到过，Linux 是一款自由软件，是免费的操作系统，那为何还需要输入序列号呢？

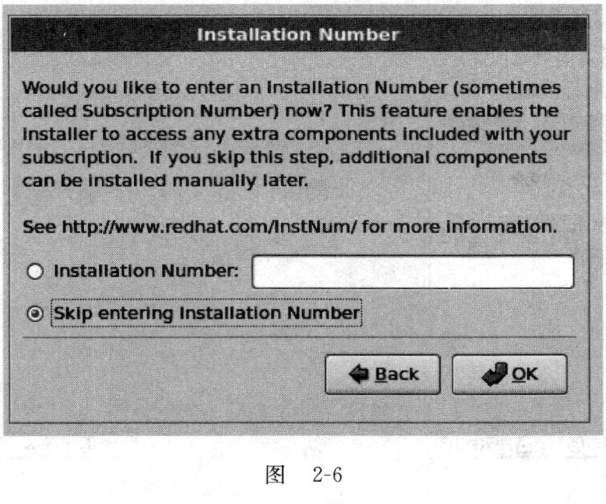

Installation Number

Would you like to enter an Installation Number (sometimes called Subscription Number) now? This feature enables the installer to access any extra components included with your subscription. If you skip this step, additional components can be installed manually later.

See http://www.redhat.com/InstNum/ for more information.

Installation Number:

Skip entering Installation Number

Back OK

图 2-6

GPL 中提到，软件必须是自由的，但是开发商可以通过一些技术服务、培训等方式盈利，以获取开发所需要的资金。如果在这里输入序列号，那么红帽将会提供一系列相应的技术服务以及技术支持；若没有序列号，可以选择第二项，跳过输入序列号。

选择跳过之后，单击 OK 按钮，会再次跳出一个提示界面，告知使用者，如果想要获取序列号可以前往提示中的网址进行获取，单击 Skipentering Installation Number 按钮，进入下一步。

(8) 选择安装类型，选“个人桌面”，单击“下一步”按钮，如图 2-7 所示。

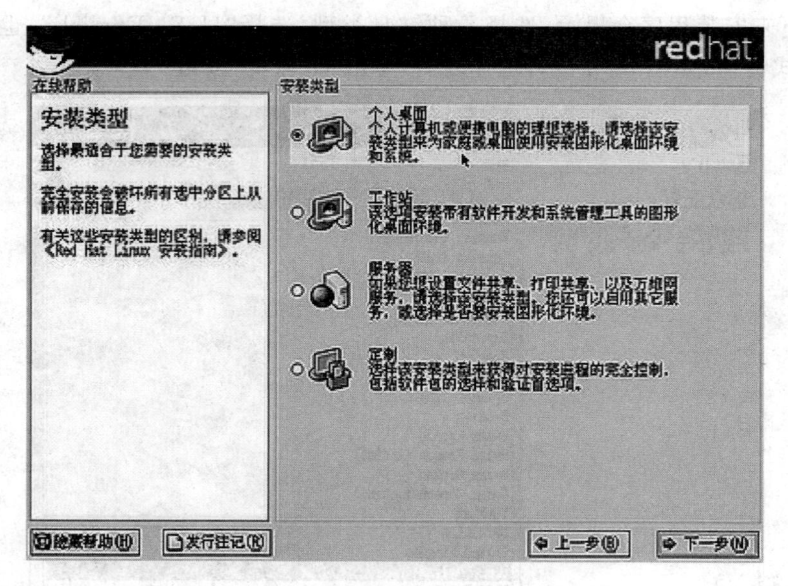

图 2-7

(9) 接着，程序要求选择一套硬盘分区的方案，如图 2-8 所示，磁盘分区设置是关键的一步，操作不当会丢失硬盘数据，请小心。如果选“自动分区”后，单击“下一步”按钮。

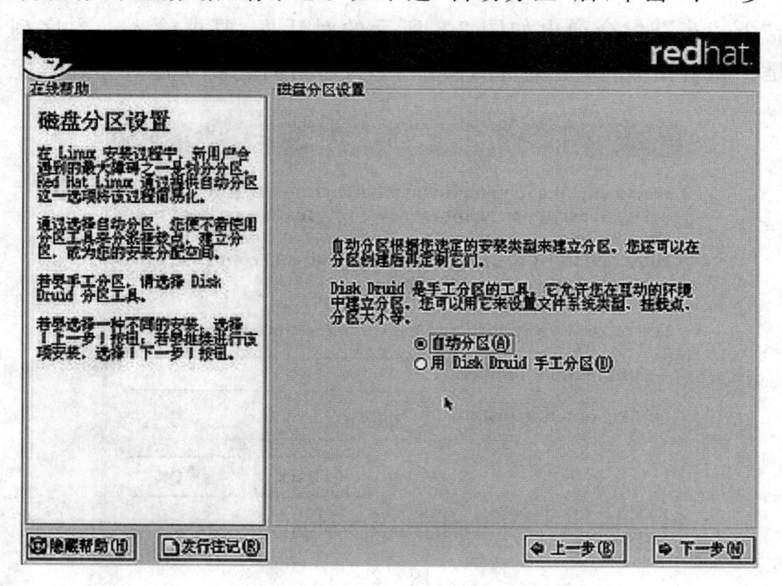

图 2-8

(10) 自动分区包含三个选项：删除系统内所有的 Linux 分区、删除系统内的所有分区和保存所有分区，使用现有的空闲空间，如图 2-9 所示，这里有几个按钮可以选择。(由此看来“自动分区”这项选择不适合需要，比如，硬盘有 4 个分区，而第一个分区已安装了 Windows 98，想保留它装双系统。)于是单击“上一步”按钮返回到如图 2-8 所示画面后再重新选择“用 Disk Druid 手工分区”，单击“下一步”按钮。

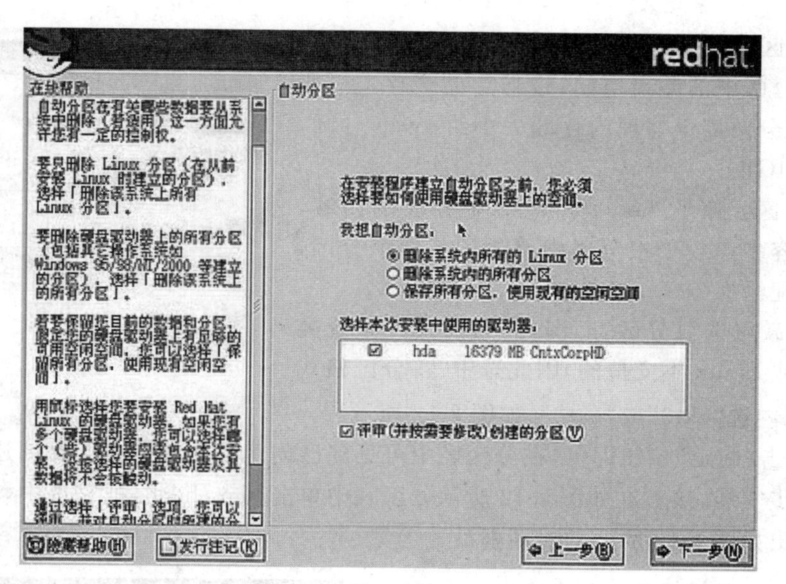

图 2-9

(11) 表中列出了硬盘的所有分区，准备用原系统的 D 盘和 E 盘。即用/dev/hda5(4.8GB)作挂载点安装系统，用/dev/hda6(252MB)做交换分区。单击/dev/hda5 将其选中，然后单击“编辑”按钮，如图 2-10 所示。

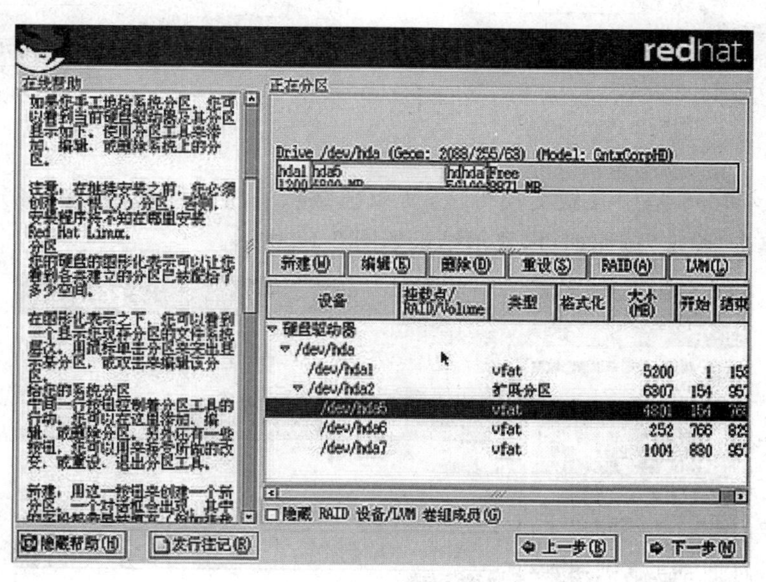

图 2-10

(12) 系统弹出对话框，如图 2-11 所示。

该如何进行分区呢？Linux 操作系统的目录结构和 Windows 操作系统的目录结构有区别，在本章后面的内容中，会进行详细的说明。系统分为 3 个区，分别描述如下。

/boot 分区：系统引导分区，内核与开机引导程序都会存放在该目录中。一般情况下，512MB 即可。

swap 分区：虚拟内存分区，当系统内存不足时，将会使用该分区中的磁盘空间，进行存储缓存。一般情况下，应该分两倍于物理内存的大小给 swap 分区，最多不超过 4GB。

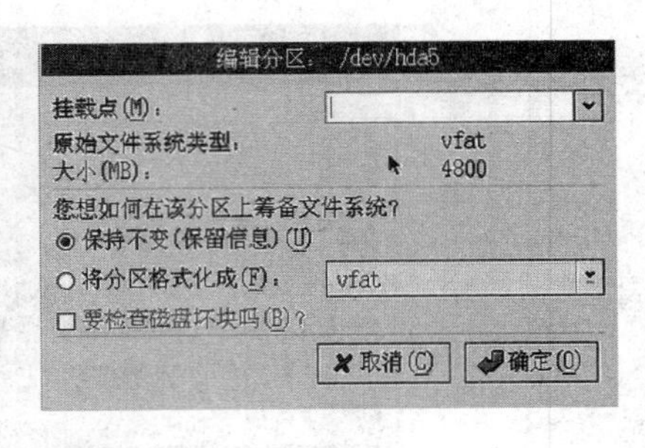

图 2-11

“/”根分区：除了/boot 与 swap 中存放的内容，其他所有内容多存放于根分区中。除了前两个分区，剩余的都分配给根分区。

(13) 挂载点选根分区“/”即可，当前文件系统类型是 FAT，是 Linux 不支持的，因此选中“将分区格式化成”并在框内选“ext3”或“ext2”，如图 2-12 所示。

(14) 单击“确定”按钮即可，在分区表中可见到已创建了挂载点。还要创建交换分区才能进行下一步安装，接着在如图 2-12 所示分区表中单击/dev/hda6，把它选中，然后单击“编辑”按钮，弹出如图 2-13 所示的对话框。

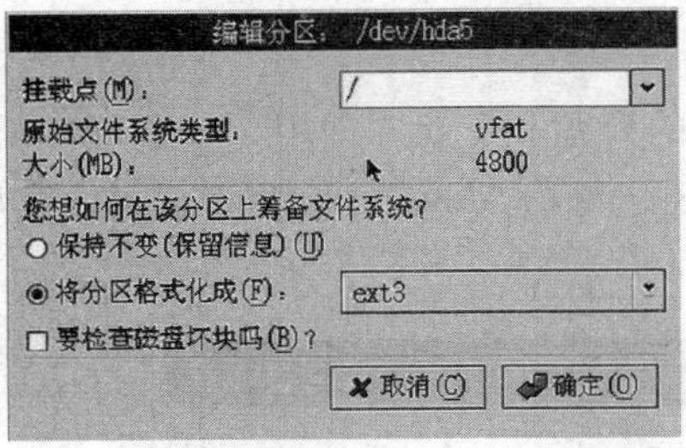

图 2-12

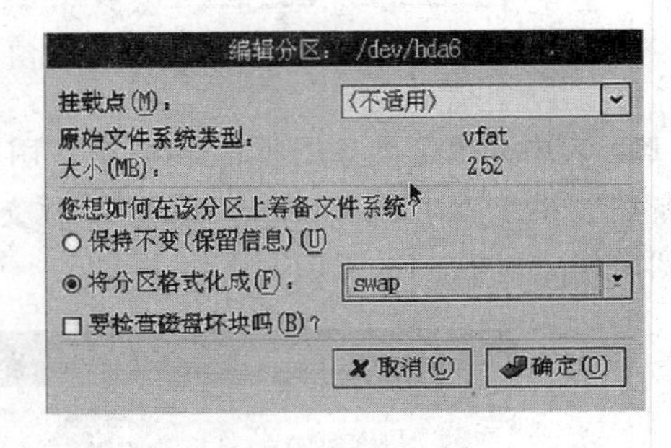

图 2-13

(15) /dev/hda6 是用来做交换分区，所以挂载点一栏不用选，只选“将分区格式化成 swap”，然后单击“确定”按钮即可，显示结果如图 2-14 所示。

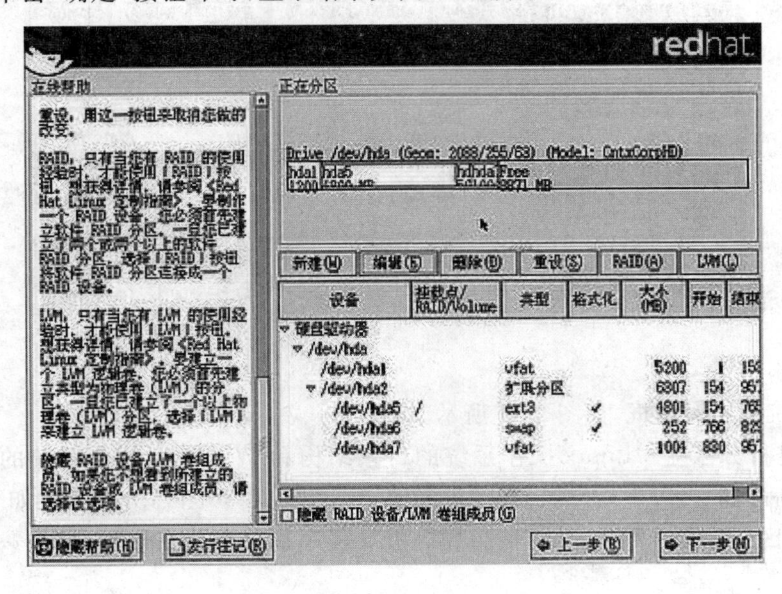

图 2-14

(16) 在图 2-14 中可见到/dev/hda5 和/dev/hda6 的分区类型已经更改了。单击“下一步”按钮，弹出如图 2-15 所示的对话框。

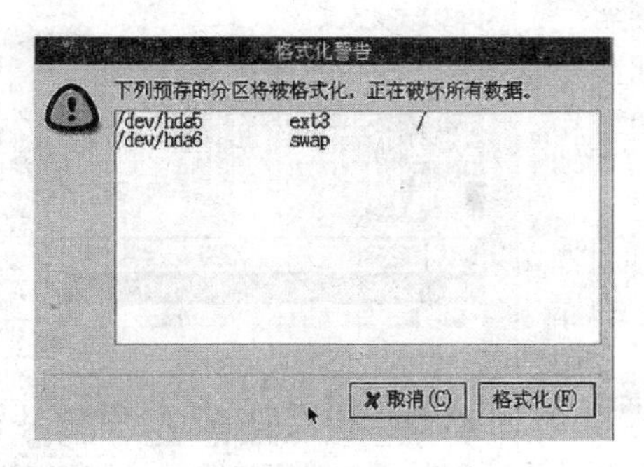

图 2-15

(17) 提示格式化两个分区，单击“格式化”按钮后，显示结果如图 2-16 所示。

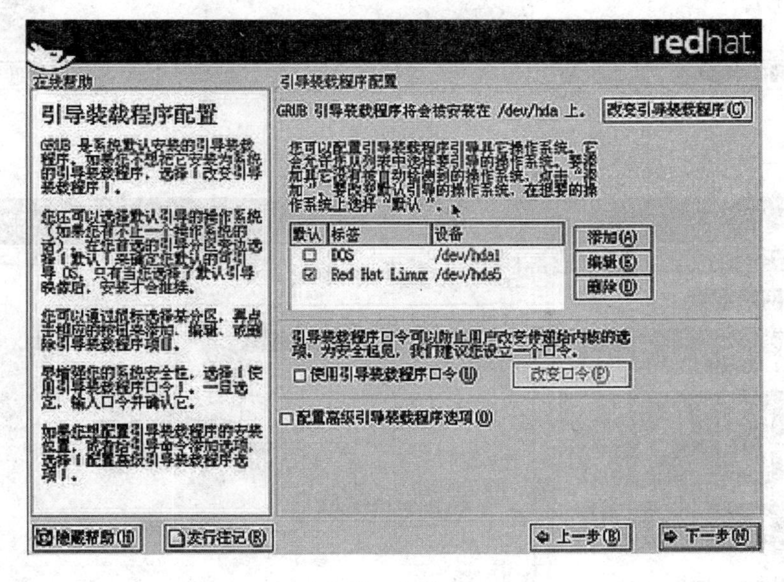

图 2-16

(18) 引导装载程序配置，默认将系统引导信息写到硬盘主引导扇区，可通过单击右上角的“改变引导装载程序”按钮进行设置。图 2-16 中列出了启动菜单有两项：DOS 和 Red Hat Linux，可选中 DOS 然后单击“编辑”按钮，将 DOS 改为 Windows 98；同样将 Red Hat Linux 改为 Red Hat Linux 9，改动后如图 2-17 所示。

(19) 选择开机默认启动的系统(在前面打钩)，如图 2-17 中选 Red Hat Linux 9 为默认启动系统。然后单击“下一步”按钮，出现如图 2-18 所示窗口。

(20) 设置网络，如果不清楚也可以进入系统后再配置，单击“下一步”按钮，出现如图 2-19 所示窗口。

(21) 防火墙配置一般选“中级”就可以了，单击“下一步”按钮，出现如图 2-20 所示窗口。

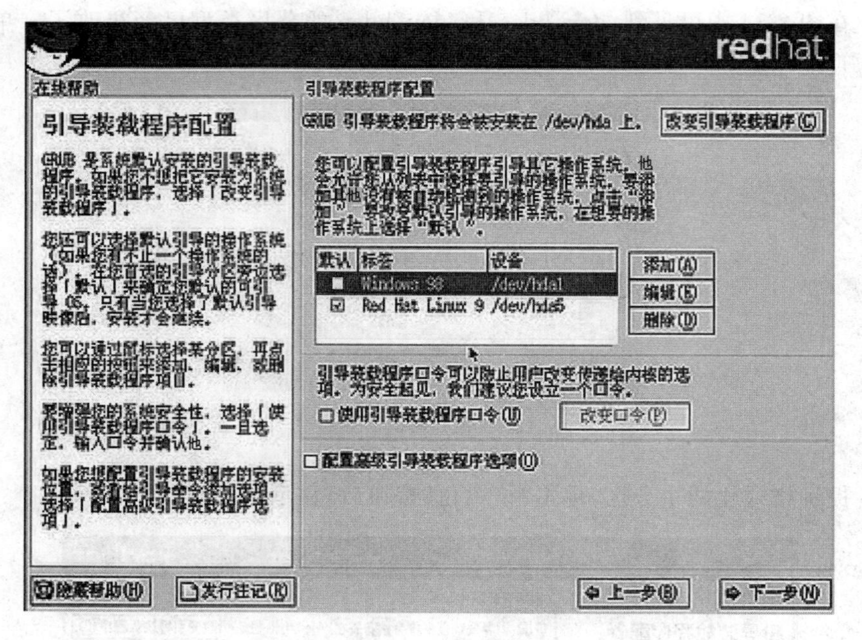

图 2-17

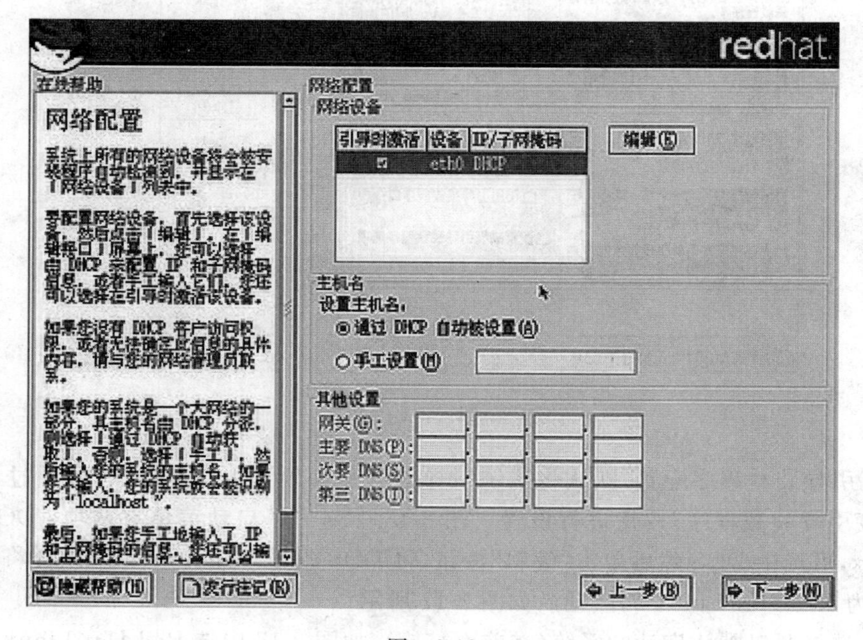

图 2-18

(22) 选择系统默认语言选“Chinese(P. R. of China)”简体中文，否则可能进系统后不能显示简体中文还需另外安装语言支持包。在“选择您想在该系统上安装的其他语言”框内最少要选一项“Chinese(P. R. of China)”简体中文，可同时选择多种语言(如果有必要)。单击“下一步”按钮，出现如图 2-21 所示窗口。

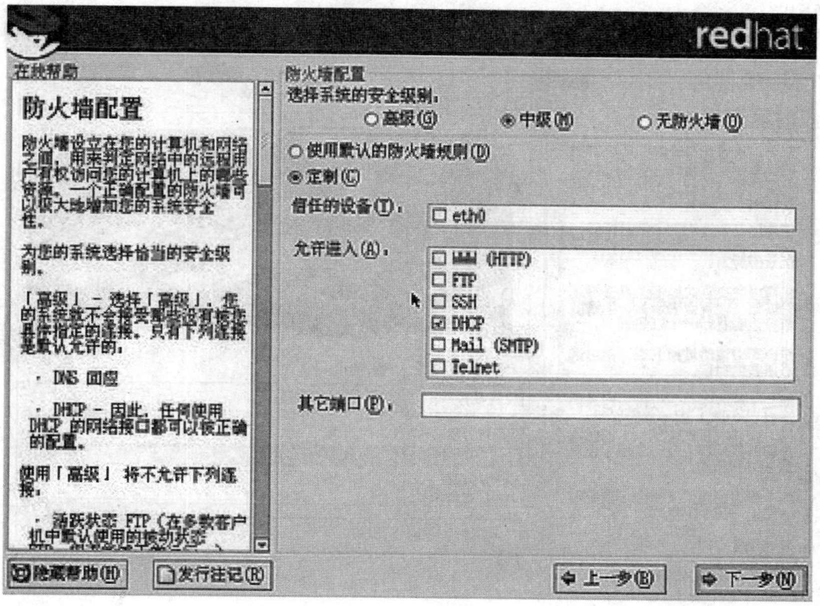

图 2-19

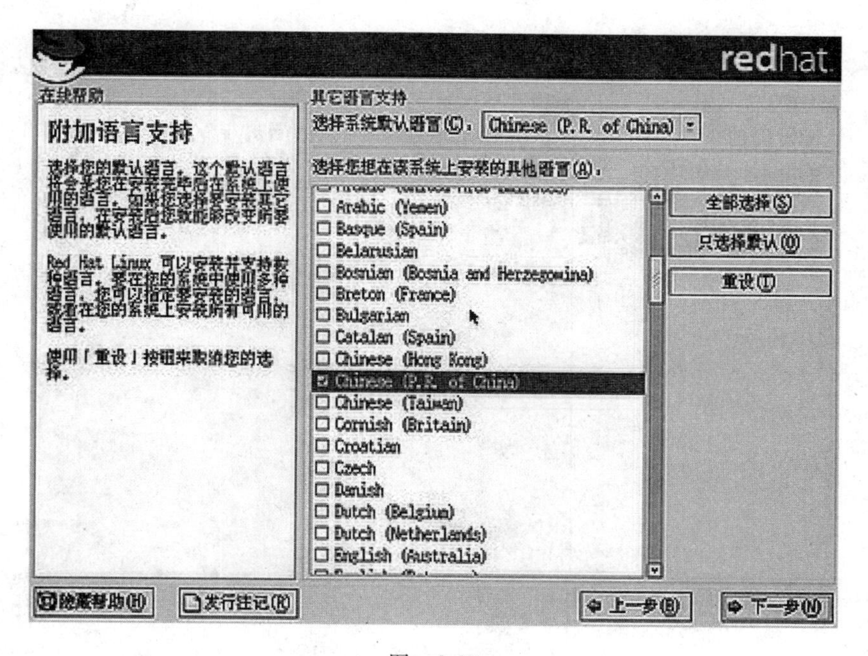

图 2-20

(23) 时区选“亚洲/上海”,单击“下一步”按钮,出现如图 2-22 所示窗口。

(24) 设置根口令即 root 管理员密码。root 账号在系统中具有最高权限,平时登录系统一般不用该账号,设置好根口令后,单击“下一步”按钮,出现如图 2-23 所示窗口。

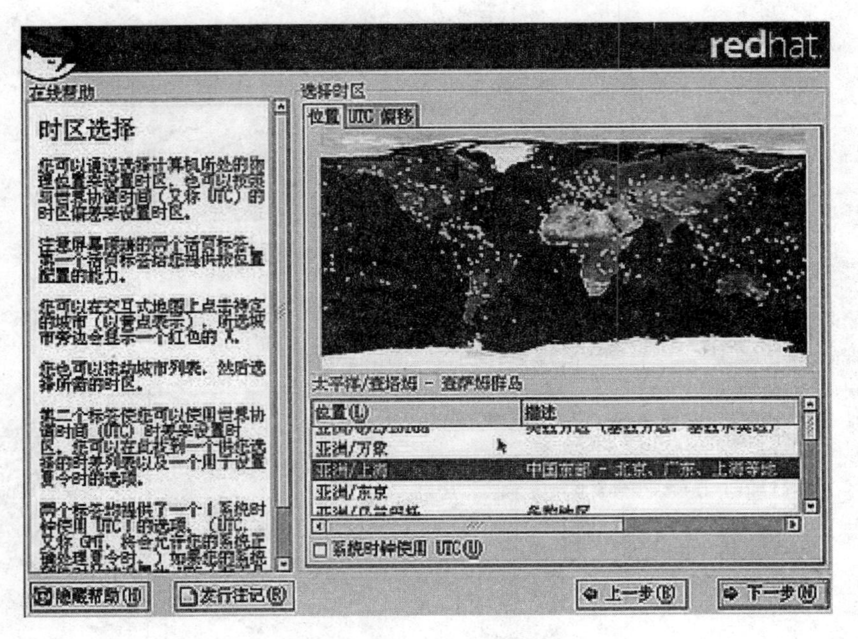

图 2-21

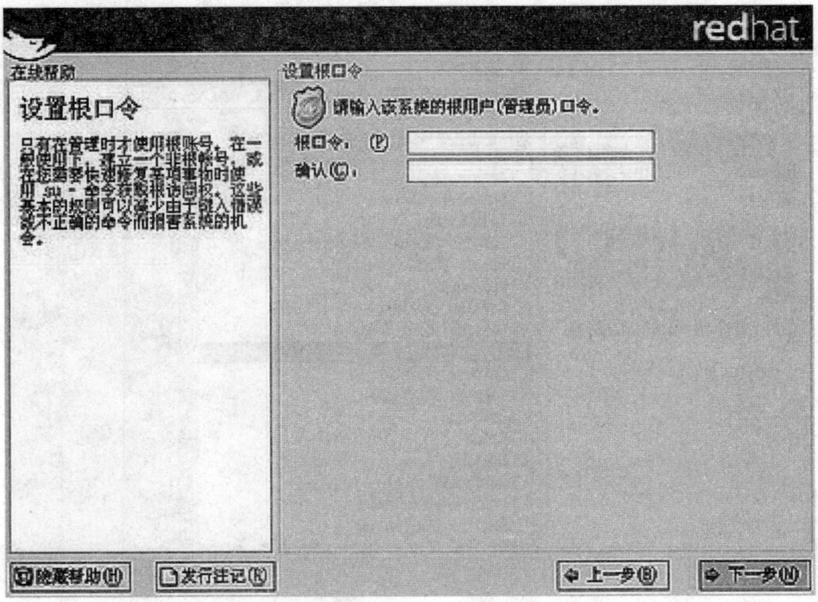

图 2-22

(25) 个人桌面默认软件包安装选择,默认选项。也可在安装完成后,进入系统运行 redhat-config-package 工具来添加/删除软件。单击“下一步”按钮,出现如图 2-24 所示窗口。

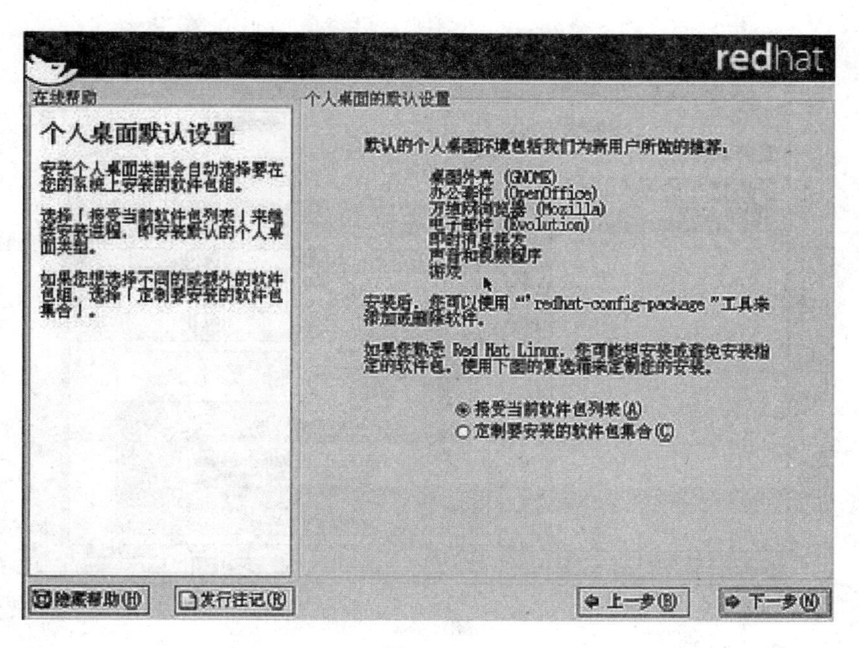

图　2-23

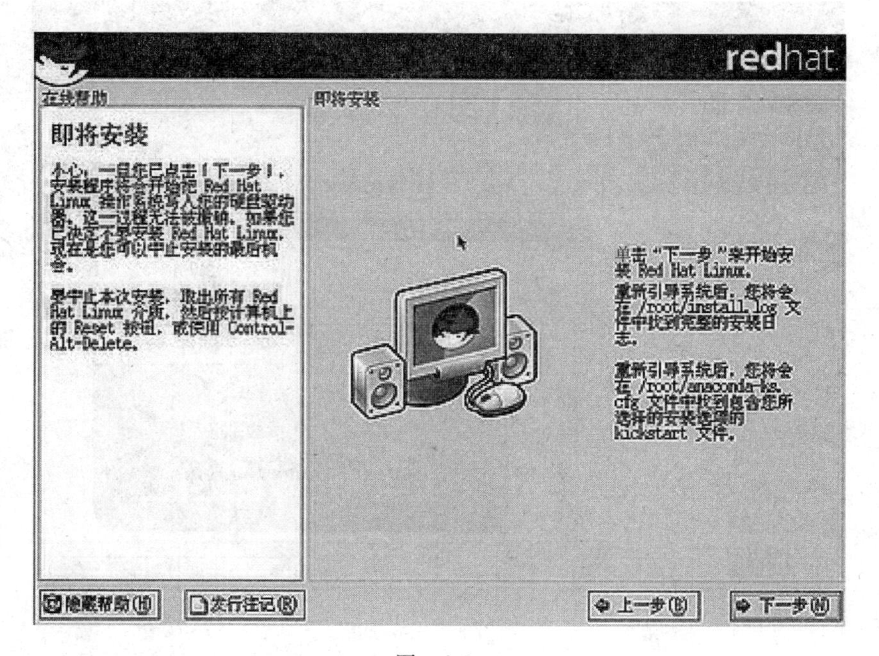

图　2-24

（26）安装向导到此结束，如果对上面各个步骤还有异议，可单击"上一步"按钮返回后重新设置；否则单击"下一步"按钮后再无"上一步"按钮选择。要开始安装请单击"下一步"按钮，出现如图 2-25 所示窗口。

（27）一个漫长的安装过程已经开始，大约 30min。总进度到达 75％时，会出现如图 2-26 所示对话框。

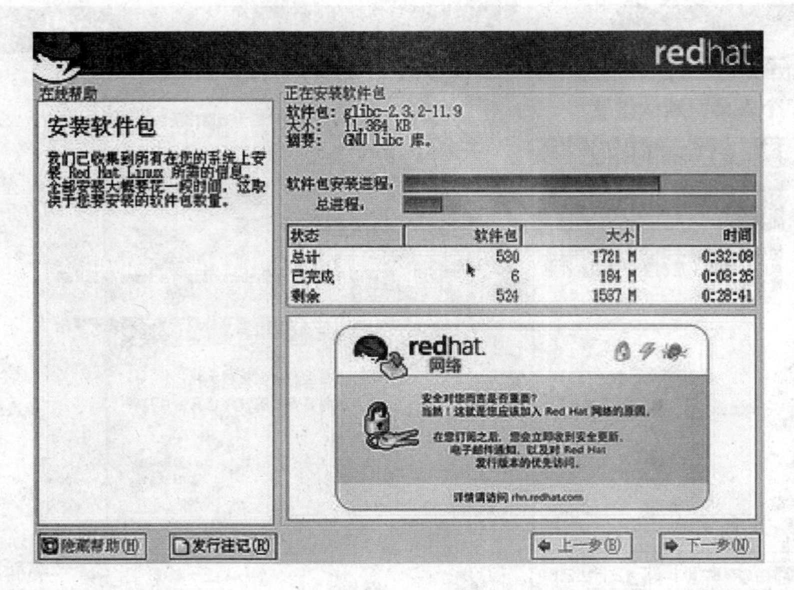

图　2-25

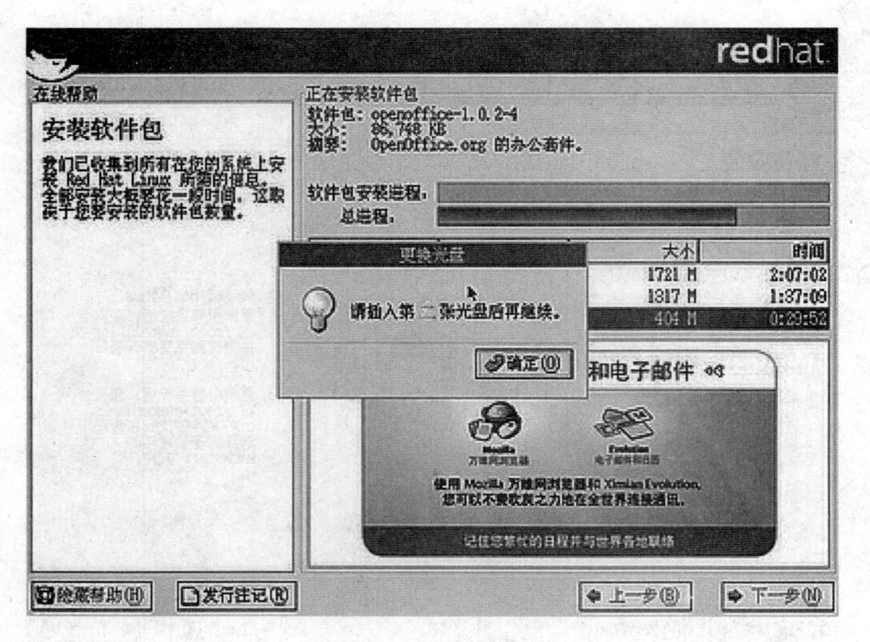

图　2-26

(28) 第一张光盘中要安装的内容已完成，提示插入第二张光盘，插入第二张光盘后单击“确定”按钮后继续安装，总进度约 96%时，按提示换第三张光盘，完成后，出现如图 2-27 所示窗口。

(29) 建议创建引导盘，将去除写保护的空白软盘放入软驱中，单击“下一步”按钮，出现如图 2-28 所示窗口。

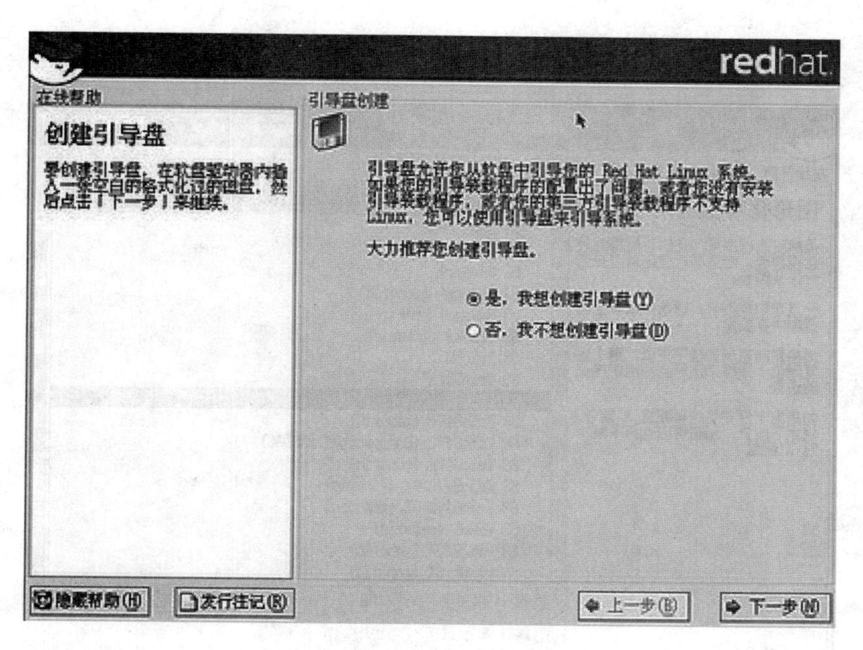

图 2-27

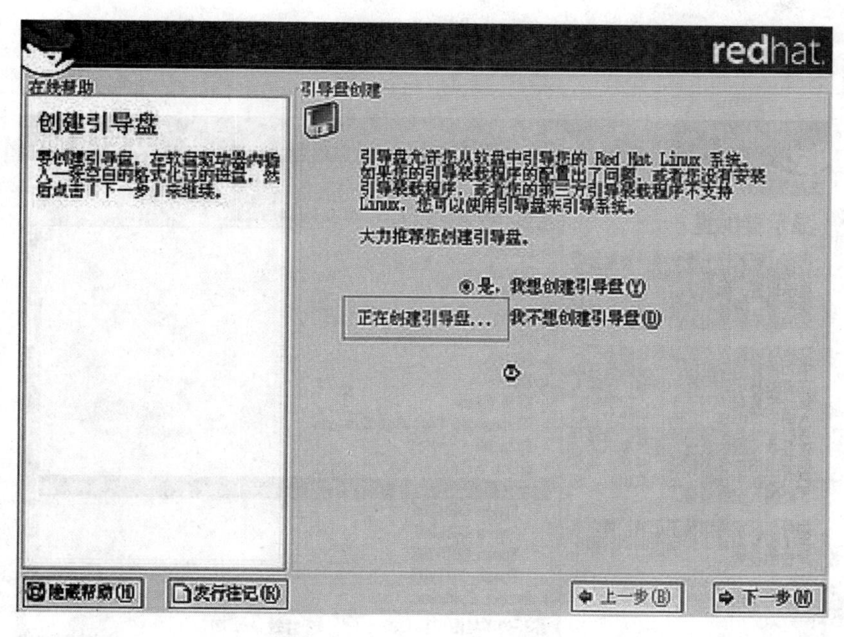

图 2-28

（30）正在创建引导盘，完成后，如图 2-29 所示。

（31）核对安装程序检测的显卡型号是否与真实显卡型号相同，如果不同请正确选择，然后单击“下一步”按钮，如图 2-30 和图 2-31 所示。

（32）选择色彩深度和屏幕分辨率，然后单击“下一步”按钮，出现如图 2-32 所示窗口。

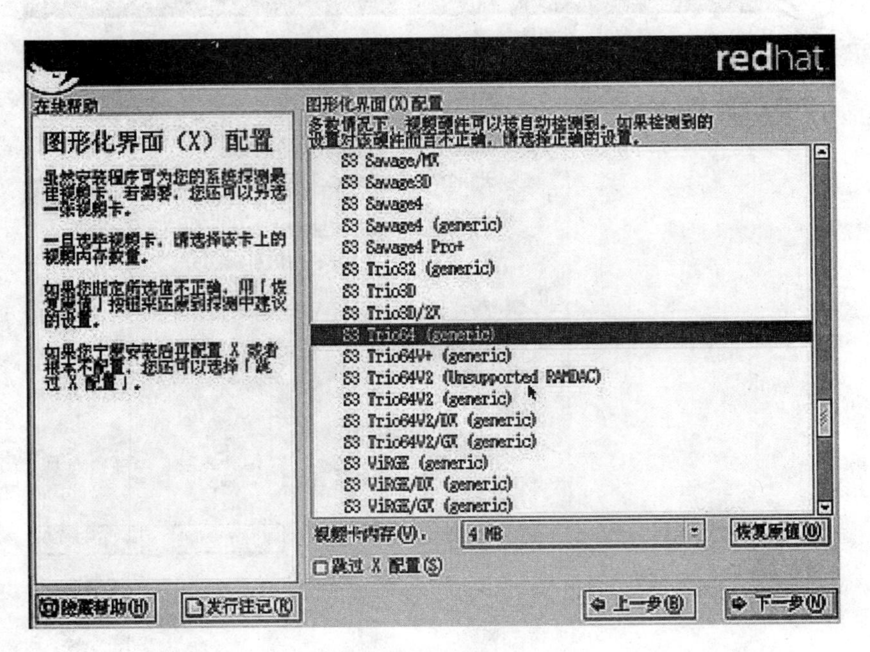
redhat
在线帮助
图形化界面（X）配置
虽然安装程序可为您的系统探测最佳视频卡，若需要，您还可以另选一张视频卡。
一旦选择视频卡，请选择该卡上的视频内存数量。
如果您断定所选值不正确，用「恢复原值」按钮来还原到探测中建议的设置。
如果您宁愿安装后再配置 X 或者根本不配置，您还可以选择「跳过 X 配置」。
图形化界面(X)配置
多数情况下，视频硬件可以被自动检测到。如果检测到的设置对该硬件而言不正确，请选择正确的设置。
S3 Savage/MX
S3 Savage3D
S3 Savage4
S3 Savage4 (generic)
S3 Savage4 Pro+
S3 Trio32 (generic)
S3 Trio3D
S3 Trio3D/2X
S3 Trio64 (generic)
S3 Trio64V+ (generic)
S3 Trio64V2 (Unsupported RAMDAC)
S3 Trio64V2 (generic)
S3 Trio64V2/DX (generic)
S3 Trio64V2/GX (generic)
S3 ViRGE (generic)
S3 ViRGE/DX (generic)
S3 ViRGE/GX (generic)
视频卡内存(V)：
4 MB
恢复原值(O)
跳过 X 配置(S)
隐藏帮助(H)
发行注记(R)
上一步(B)
下一步(N)

图 2-29

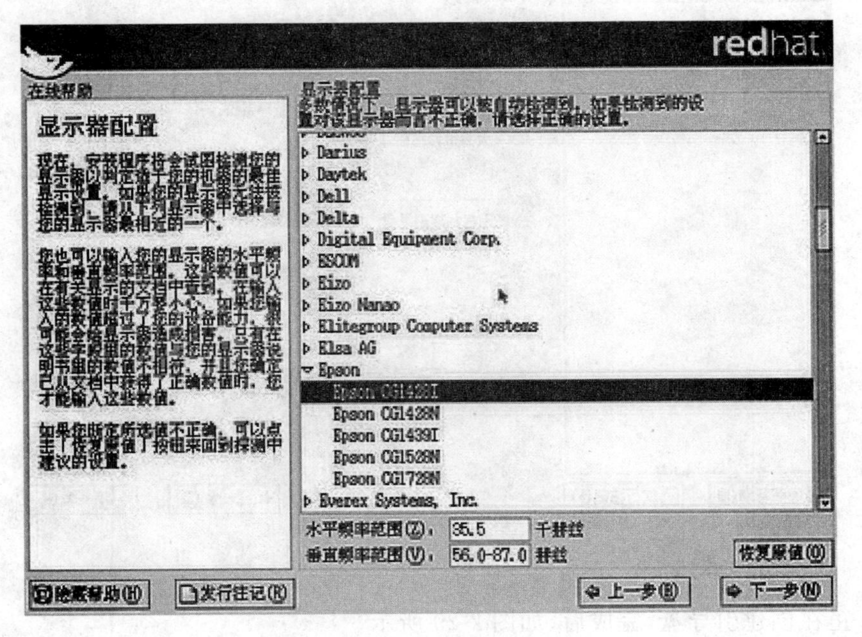
redhat
在线帮助
显示器配置
现在，安装程序将会试图检测您的显示器以判定适于您的机器的最佳显示设置。如果您的显示器无法被检测到，请从下列显示器中选择与您的显示器最相近的一个。
您也可以输入您的显示器的水平频率和垂直频率范围。这些数值可以在有关显示的文档中查到。在输入这些数值时千万要小心。如果您输入的数值超过了您的设备能力，很可能会给显示器造成损害。只有在这些手册里的数值与您的显示器说明书里的数值不相符，并且您确定已从文档中获得了正确数值时，您才能输入这些数值。
如果您断定所选值不正确，可以点击「恢复原值」按钮来回到探测中建议的设置。
显示器配置
多数情况下，显示器可以被自动检测到。如果检测到的设置对该显示器而言不正确，请选择正确的设置。
Darius
Daytek
Dell
Delta
Digital Equipment Corp.
ESCOM
Eizo
Eizo Nanao
Elitegroup Computer Systems
Elsa AG
Epson
Epson CG1428I
Epson CG1428N
Epson CG1439I
Epson CG1528N
Epson CG1728N
Everex Systems, Inc.
水平频率范围(Z)：
35.5
千赫兹
垂直频率范围(V)：
56.0-87.0
赫兹
恢复原值(O)
隐藏帮助(H)
发行注记(R)
上一步(B)
下一步(N)

图 2-30

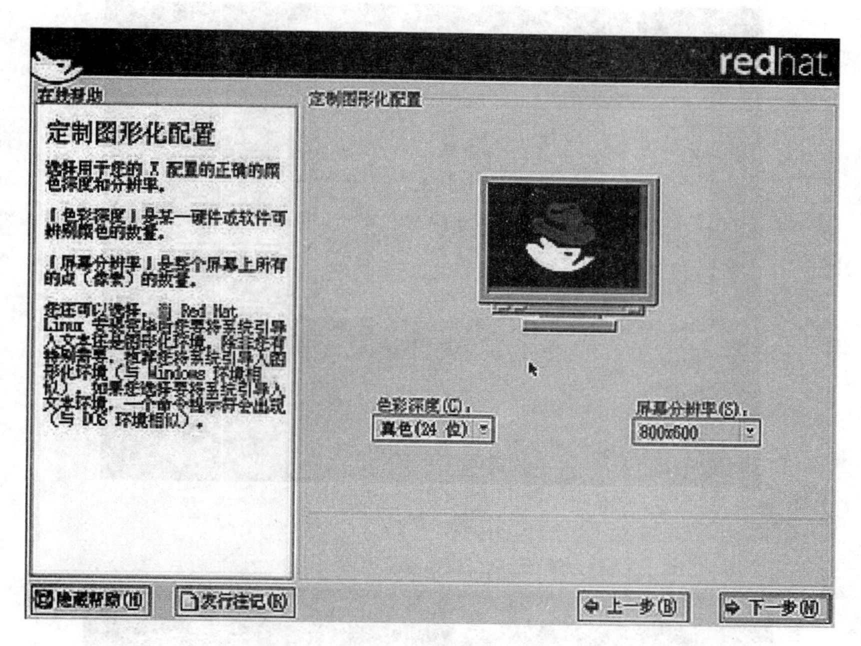

图 2-31

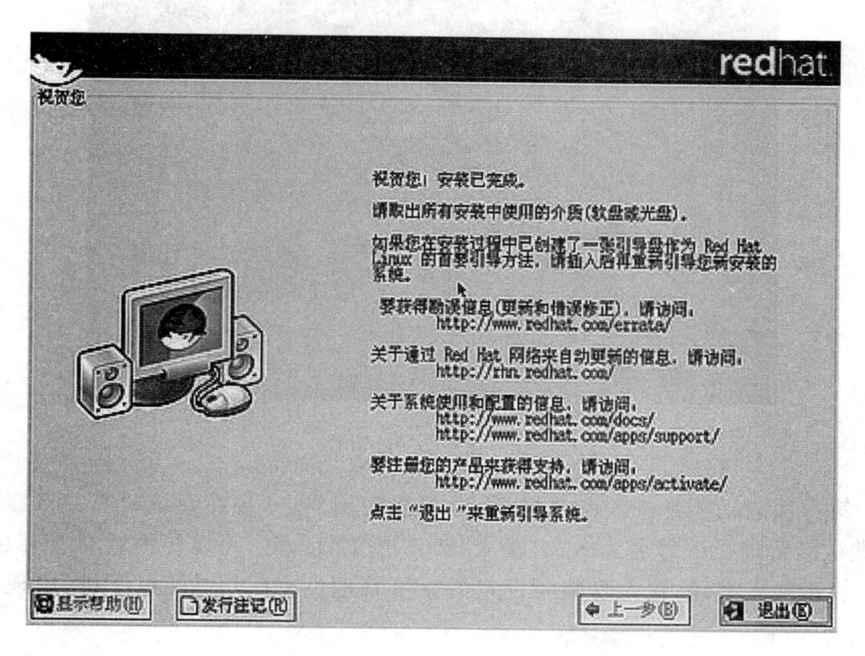

图 2-32

(33) 安装已完成，取出光盘和软盘后单击“退出”按钮，系统将重新启动，重新启动后将首次出现启动选择菜单，如图 2-33 所示。

(34) 10 秒后自动进入，出现如图 2-34 所示界面。

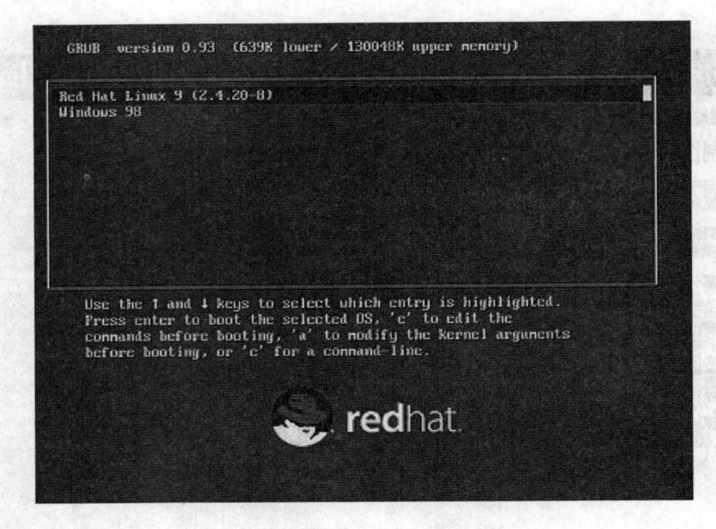

图 2-33

图 2-34

(35) 第一次启动还是进入命令提示，要求输入用户名，现在系统只有一个账号即管理员账号，默认的管理员账号名为 root，输入“root”按 Enter 键，出现如图 2-35 所示的提示。

(36) 提示输入密码，输入安装时设定的系统管理员密码后按 Enter 键，出现如图 2-36 所示界面。

(37) 已经以管理员身份登录了系统，但不想用命令提示形式显示，要进入图形界面。进入图形界面的命令是“startx”，输入“startx”后按 Enter 键准备进入，出现如图 2-37 所示界面。

(38) 在这里图形配置会出现问题，需运行“redhat-config-xfree86”重新配置，运行“redhat-config-xfree86”后，出现如图 2-38 所示窗口。

```
Red Hat Linux release 9 (Shrike)
Kernel 2.4.20-8 on an i686

localhost login: root
Password: _
```

图 2-35

图 2-36

(39) 单击“配置”按钮对显示器、显卡的型号和参数重新设置，如不能确定也可选择系统默认设置，完成后单击“确定”按钮，如配置正确即可进入图形界面，出现如图 2-39 所示界面。

(40) 再次出现登录窗口，输入“root”后按 Enter 键，出现如图 2-40 所示界面。

(41) 再输入密码后，按 Enter 键，出现如图 2-41 所示界面。

(42) 已经以 root 身份进入了桌面，现在要设置普通账号，单击“红帽子主菜单”→“注销”，在弹出的对话框中选“重新启动”，重新启动后又再出现启动选择菜单，接着出现如图 2-42 所示界面。

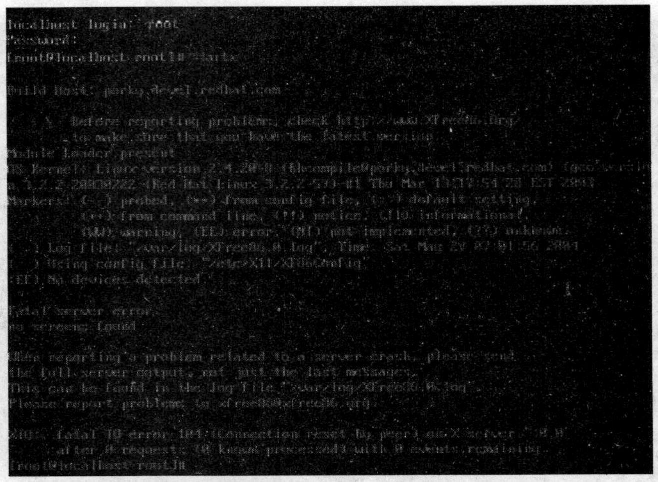

图　2-37

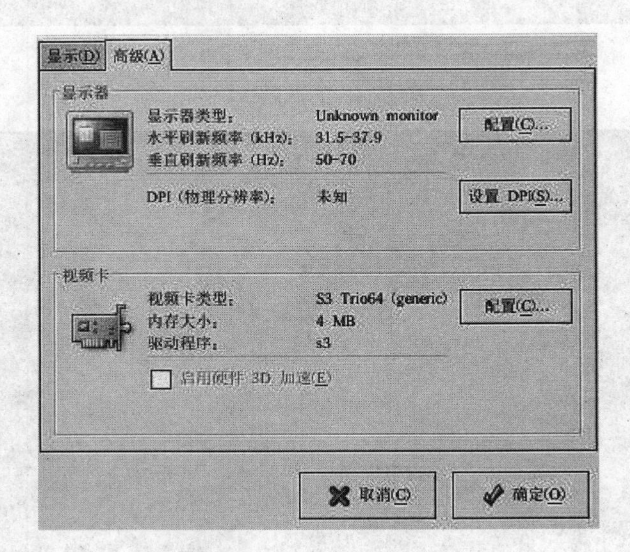

图　2-38

图　2-39

图　2-40

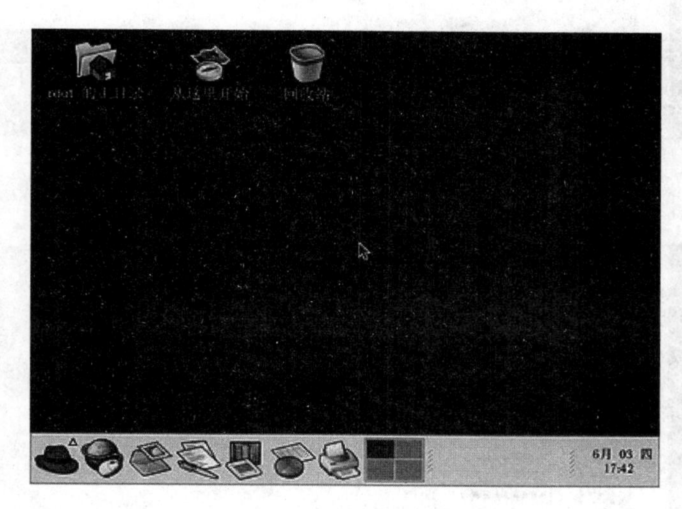

图　2-41

(43) 单击“前进”按钮开始配置系统，出现如图 2-43 所示窗口。

(44) 创建一个普通账号，用于平时登录系统用，账号名用“abc”，输入密码后，单击“前进”按钮，出现如图 2-44 所示窗口。

(45) 正确设置时间和日期后，单击“前进”按钮，出现如图 2-45 所示窗口。

(46) 注册提示，有两项选择，第一项：“是，我想在 Red Hat 网络注册我的系统”，第二项：“否，我不想注册我的系统”。选第二项：“否，我不想注册我的系统”，单击“前进”按钮，出现如图 2-46 所示窗口。

(47) 单击“前进”按钮，出现如图 2-47 窗口。

(48) 全部设置已经结束，单击“前进”按钮，出现如图 2-48 所示窗口。

(49) 安装全部完成，现在以 abc 用户的身份进入了系统。

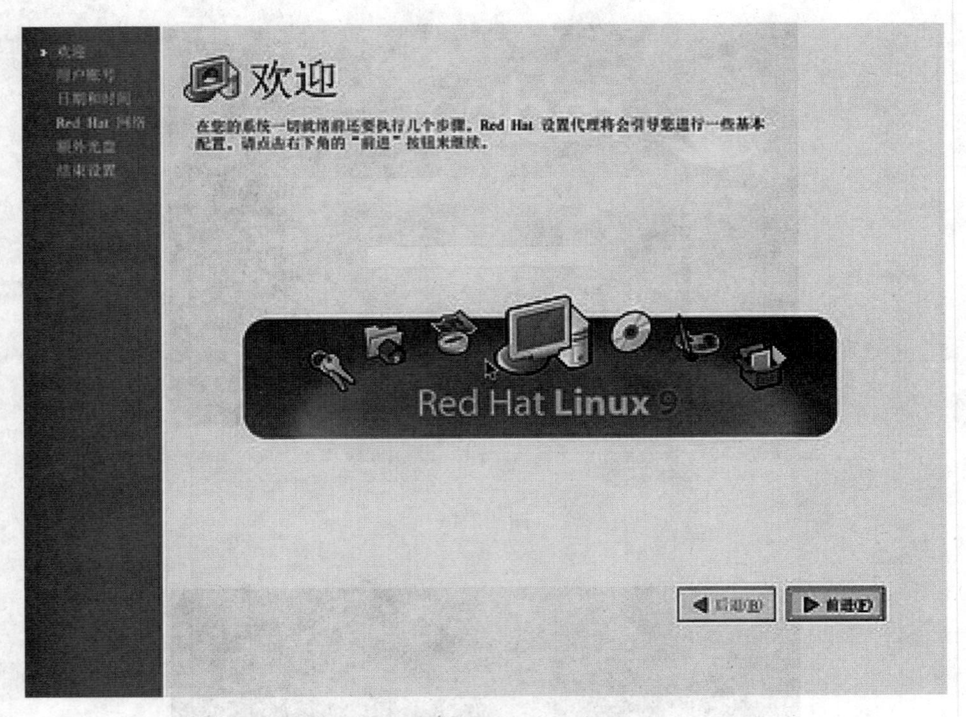

图 2-42

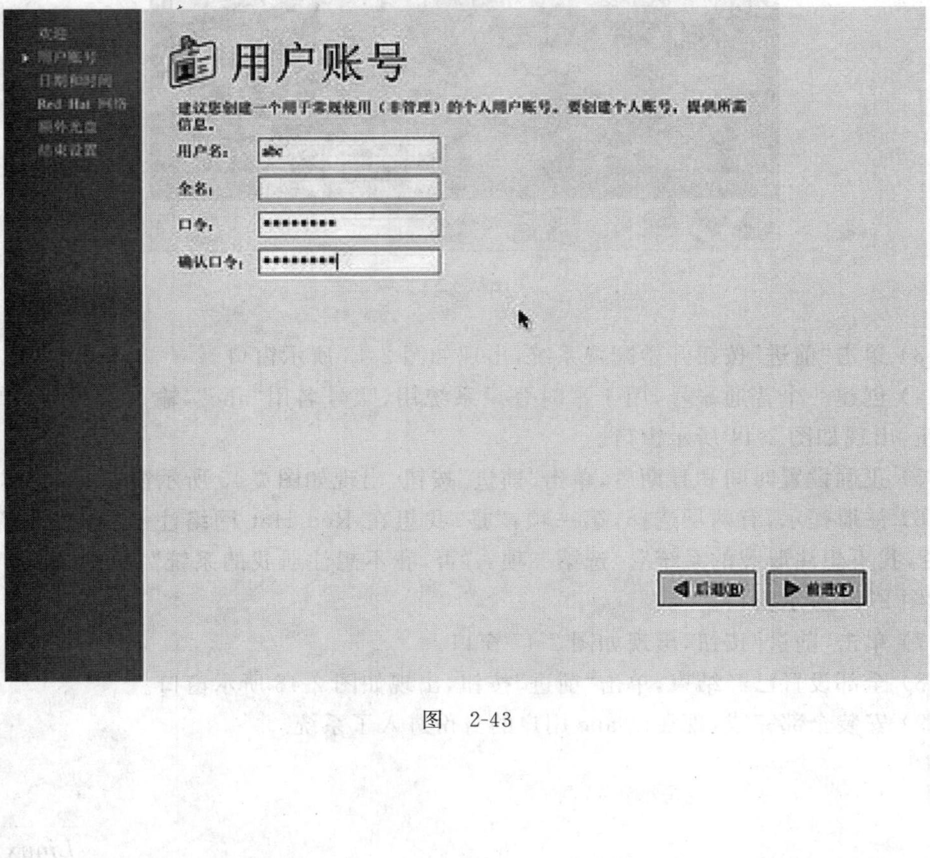

欢迎
用户账号
日期和时间
Red Hat 网络
额外光盘
结束设置

用户账号

建议您创建一个用于常规使用（非管理）的个人用户账号。要创建个人账号，提供所需信息。

用户名：abc

全名：

口令：*********

确认口令：*********

后退(B)　前进(F)

图 2-43

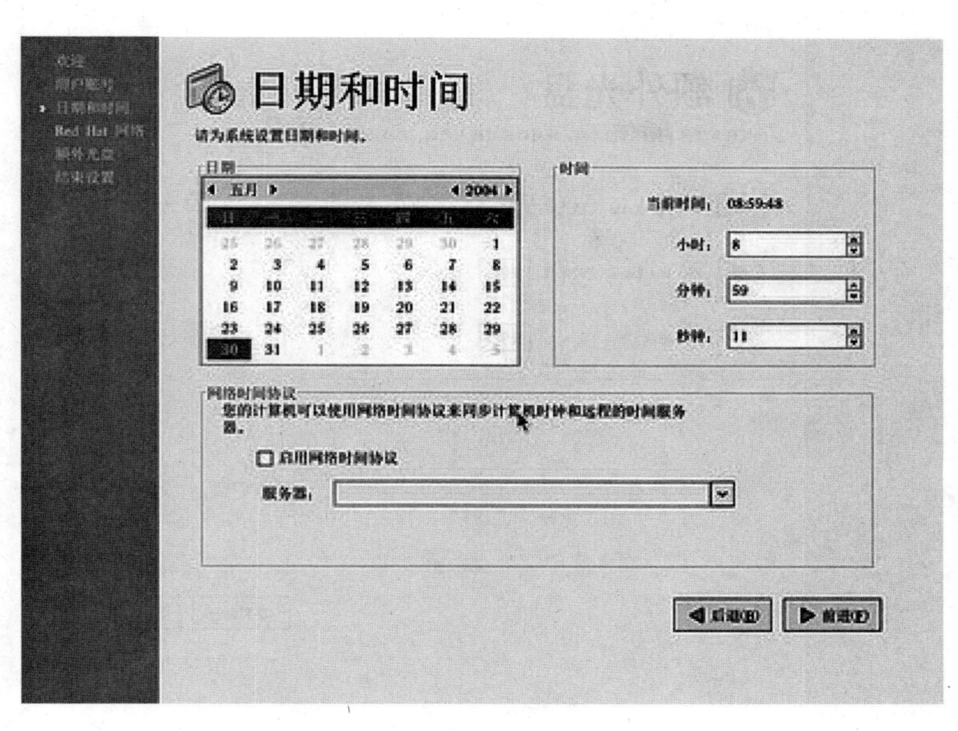
日期和时间
请为系统设置日期和时间。
日期
五月
2004
时间
当前时间：08:59:48
小时：
8
分钟：
59
秒钟：
11
网络时间协议
您的计算机可以使用网络时间协议来同步计算机时钟和远程的时间服务器。
启用网络时间协议
服务器：

图 2-44

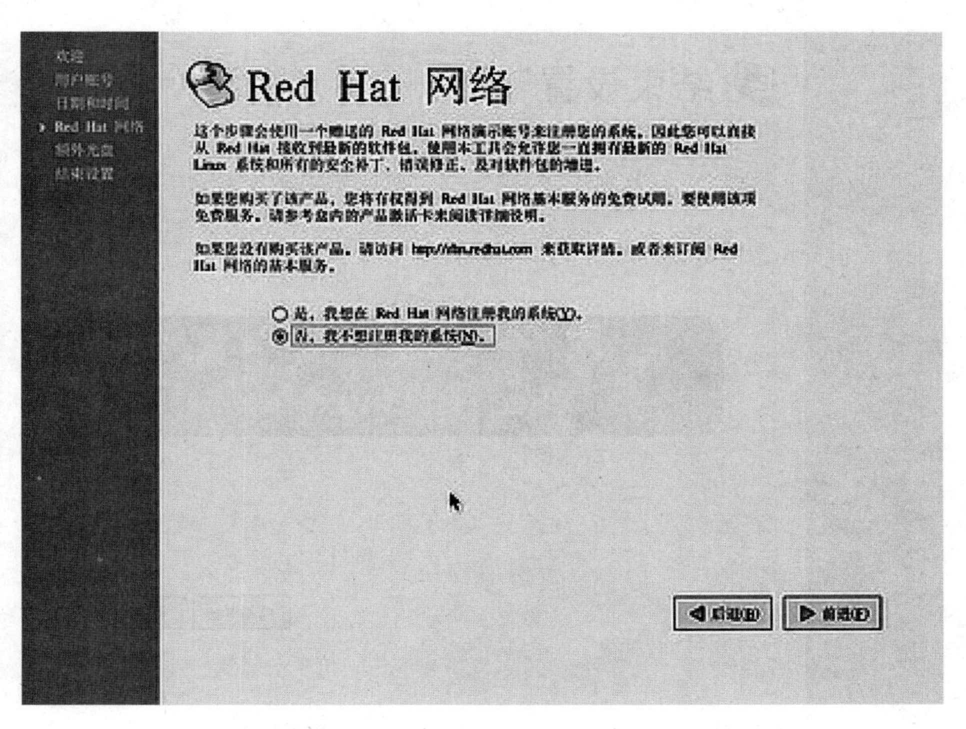
Red Hat 网络
这个步骤会使用一个赠送的 Red Hat 网络演示帐号来注册您的系统。因此您可以直接从 Red Hat 接收到最新的软件包。使用本工具会允许您一直拥有最新的 Red Hat Linux 系统和所有的安全修丁、错误修正、及对软件包的增进。
如果您购买了该产品，您将有权得到 Red Hat 网络基本服务的免费试用。要使用该项免费服务，请参考盒内的产品激活卡来阅读详细说明。
如果您没有购买该产品，请访问 http://rhn.redhat.com 来获取详情，或者来订阅 Red Hat 网络的基本服务。
是，我想在 Red Hat 网络注册我的系统(Y)。
否，我不想注册我的系统(N)。

图 2-45

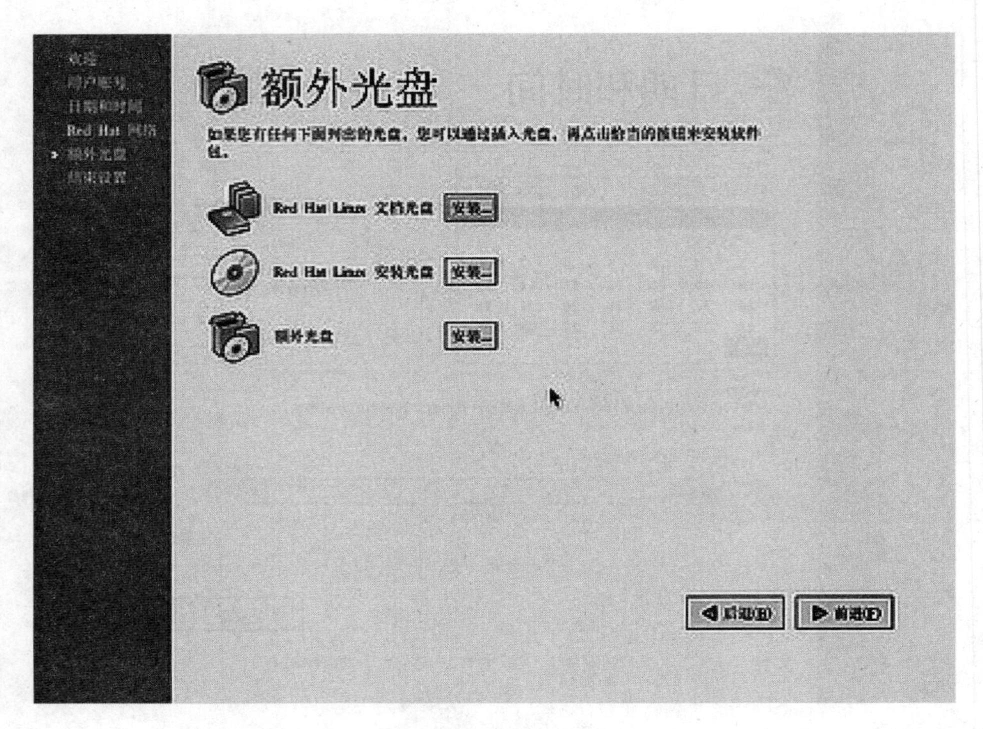
欢迎
用户账号
日期和时间
Red Hat 网络
额外光盘
结束设置
额外光盘
如果您有任何下面列出的光盘，您可以通过插入光盘，再点击恰当的按钮来安装软件包。
Red Hat Linux 文档光盘
安装...
Red Hat Linux 安装光盘
安装...
额外光盘
安装...
后退(B)
前进(F)

图 2-46

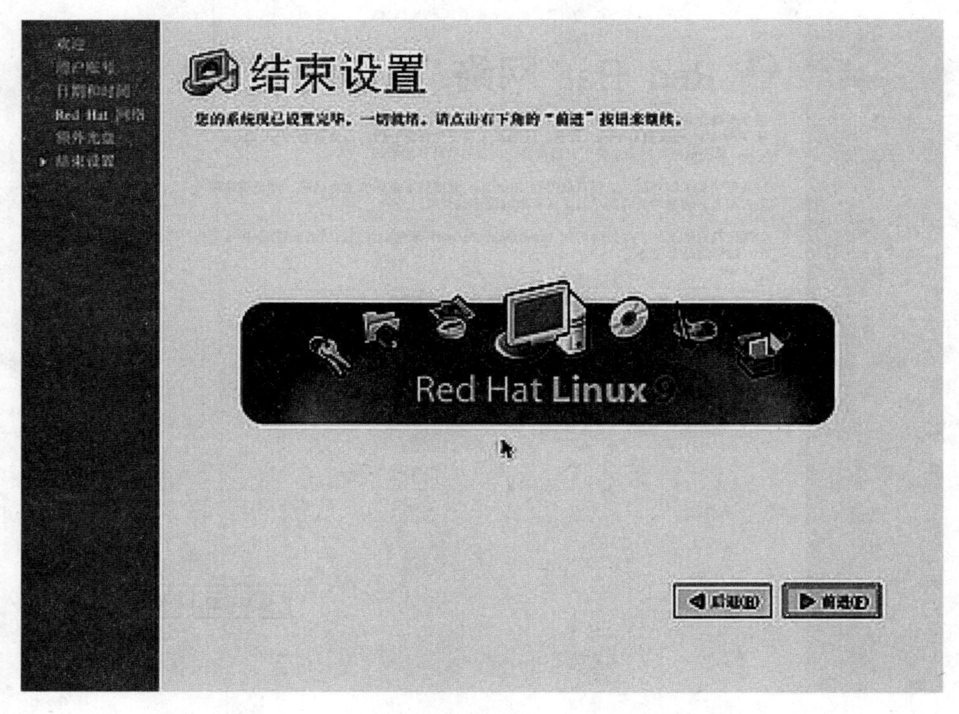
欢迎
用户账号
日期和时间
Red Hat 网络
额外光盘
结束设置
结束设置
您的系统现已设置完毕。一切就绪。请点击右下角的"前进"按钮来继续。
Red Hat Linux
后退(B)
前进(F)

图 2-47

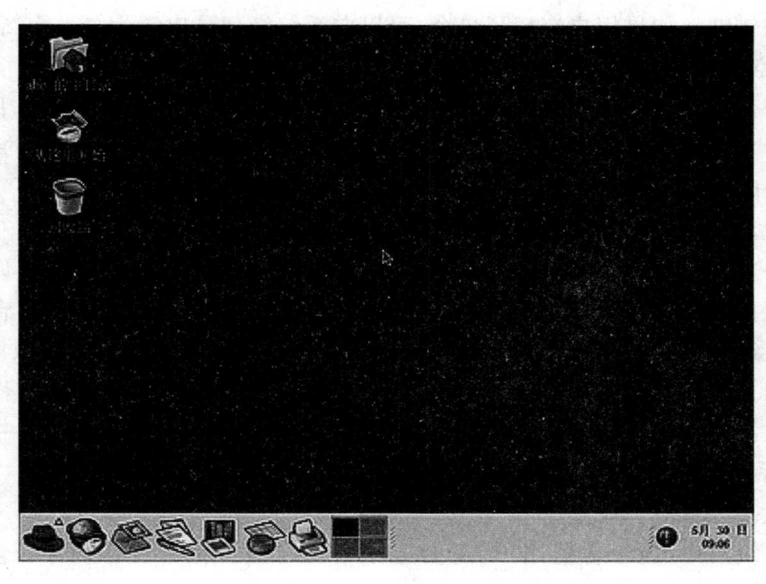

图 2-48

2.2 Linux 基本操作

2.2.1 Linux 进入与退出系统

1. 进入 Linux 系统

必须要输入用户的账号,在系统安装过程中可以创建以下两种账号。

(1) root,超级用户账号(系统管理员),使用这个账号可以在系统中做任何操作。(默认口令为 123456)

(2) 普通用户,这个账号供普通用户使用,可以进行有限的操作。

一般的 Linux 使用者均为普通用户,而系统管理员一般使用超级用户账号完成一些系统管理的工作。如果只需要完成一些由普通账号就能完成的任务,建议不要使用超级用户账号,以免无意中破坏系统,影响系统的正常运行。

用户登录分两步:第一步,输入用户的登录名,系统根据该登录名识别用户;第二步,输入用户的口令,该口令是用户自己设置的一个字符串,对其他用户是保密的,是在登录时系统用来辨别真假用户的关键所在。

当用户正确地输入用户名和口令后,就能合法地进入系统。屏幕显示:

```
[root@localhost ~] #
```

这时就可以对系统做各种操作了。注意,超级用户的提示符是"#",其他用户的提示符是"$"。

2. 修改口令

为了更好地保护用户账号的安全,Linux 允许用户随时修改自己的口令,修改口令的命令是 passwd,它将提示用户输入旧口令和新口令,之后还要求用户再次确认新口令,以避免用户无意中按错键。如果用户忘记了口令，可以向系统管理员申请为自己重新设置一个。

3. 虚拟控制台

Linux 是一个真正的多用户操作系统，它可以同时接受多个用户登录。Linux 还允许一个用户进行多次登录，这是因为 Linux 和 UNIX 一样，提供了虚拟控制台的访问方式，允许用户在同一时间从控制台进行多次登录。虚拟控制台的选择可以通过按下 Alt 键和一个功能键来实现，通常使用 F1～F6 键。

例如，用户登录后，按一下 Alt＋F2 键，用户又可以看到"login:"提示符，说明用户看到了第二个虚拟控制台。然后只需按 Alt＋F1 键，就可以回到第一个虚拟控制台。一个新安装的 Linux 系统默认允许用户使用 Alt＋F1 到 Alt＋F6 键来访问前六个虚拟控制台。虚拟控制台可使用户同时在多个控制台上工作，真正体现 Linux 系统多用户的特性。用户可以在某一虚拟控制台上进行的工作尚未结束时，切换到另一虚拟控制台开始另一项工作。

4. 退出系统

1) 退出系统 exit

不论是超级用户，还是普通用户，需要退出系统时，在 Shell 提示符下，输入 exit 命令即可。

2) 重新启动系统 reboot

以 root 用户登录 Linux 操作系统后执行 reboot 命令可以重新启动 Linux 系统：

```
[root@localhost ~] # reboot
```

3) 关闭系统 shutdown

命令可以安全地关闭或重启 Linux 系统，它在系统关闭之前给系统上的所有登录用户提示一条警告信息。该命令还允许用户指定一个时间参数，可以是一个精确的时间，也可以是从现在开始的一个时间段。精确时间的格式是"hh:mm"，表示小时和分钟，时间段由"＋"和分钟数表示。系统执行该命令后会自动进行数据同步的工作，该命令的一般格式：

shutdown [选项] [时间] [警告信息]

命令中各选项的含义如下。

-k 并不真正关机而只是发出警告信息给所有用户。

-r 关机后立即重新启动。

-h 关机后不重新启动。

-f 快速关机重启动时跳过 fsck。

-n 快速关机不经过 init 程序。

-c 取消一个已经运行的 shutdown。

需要特别说明的是该命令只能由超级用户使用。

例如：系统在 10 分钟后关机并且马上重新启动。

```
# shutdown -r +10
```

例如：系统马上关机并且不重新启动。

```
# shutdown -h now
```

2.2.2 命令的使用规则

图形化界面中，右击桌面，选择 Open Terminal，就可以打开一个对话框。在 Windows 下，按下窗口+R 组合键，输入 cmd，即可进入命令行，RHEL 9.0 中也有类似的快捷方式：按下 Alt+F2 组合键，选择 gnome-terminal，按 Enter 键之后即可进入该对话框，如图 2-49 所示。

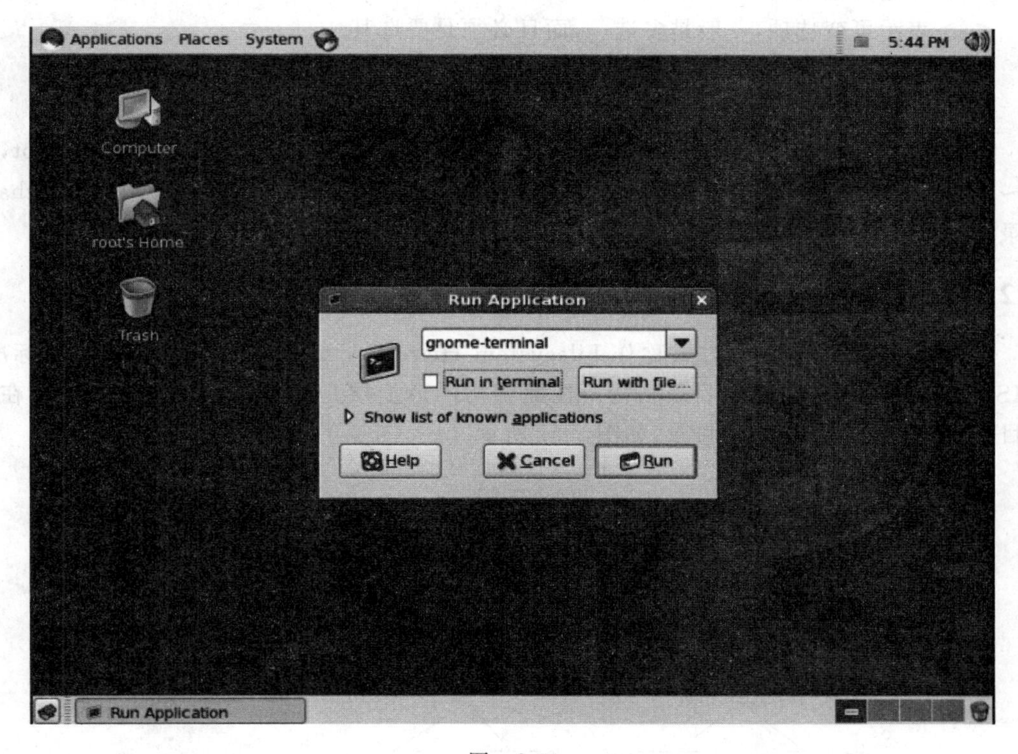

图 2-49

字符界面中，首先操作系统会提示一段欢迎词以及一个等待输入账号的登录提示，如图 2-50 所示，图中第 1 行、第 2 行的内容默认保存在/etc/issue 文件中，可以通过修改该文件，来修改进入系统时的欢迎语句。

图 2-50

输入账号密码之后，就正式登录系统了。无论是图形化界面，还是字符界面，它们的命令行提示符都是一样的。

1. Linux 系统常用命令格式

```
command [option] [argument1] [argument2] …
```

command：命令。

options：－－单词 或 －单字。

arguments：参数，有时候选项也带参数。

2. 命令格式中的符号含义

在查看命令帮助时，会出现[ ]、＜ ＞、| 等符号，它们的含义如下。

[ ]表示是可选的。

＜ ＞表示可变选项，一般是多选一，而且必须是要选其一。

x|y|z 多选一，如果加上[ ]，可不选。

-abc 多选，如果加上[ ]，可不选。

～符号表示“用户的主文件夹”，它是一个“变量”。假设 root 的主文件夹在/root，所有～就表示/root，用户 tomzhang 的主文件夹在/home/tomzhang，所以如果用户 tomzhang 登录时，看到～就是等于/home/tomzhang。

2.2.3 目录及文件的基本操作

Linux 文件系统的组织方式称作 Filesystem Hierarchy Standard(文件系统分层标准，FHS)，即采用层次式的树状目录结构。在此结构的最上层是根目录“/”(斜杠)，然后在此根目录下是其他的目录和子目录，如图 2-51 所示。

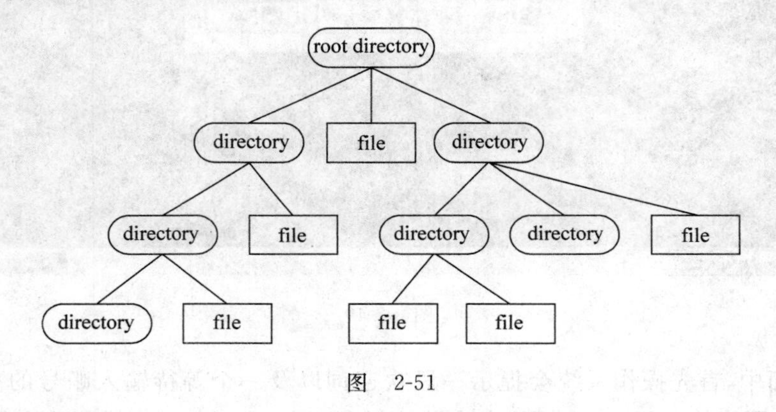

图 2-51

Linux 与 DOS 及 Windows 一样，采用“路径”来表示文件或目录在文件系统中所处的层次。路径由以“/”为分隔符的多个目录名字符串组成，分为绝对路径和相对路径。所谓绝对路径是指由根目录“/”为起点来表示系统中某个文件或目录的位置的方法。

例如，如果用绝对路径表示，如图 2-52 所示，第 4 层目录中的 bin 目录，应为“/home/abcd/bin”。相对路径则是以当前目录为起点，表示系统中某个文件或目录在文件系统中的位置的方法。若当前工作目录是“/home”，则用相对路径表示图 2-52 中第 4 层目录中的 bin 目录，应为“abcd/bin”或“./abcd/bin”，其中“./”表示当前目录，通常可以省略。

Linux 文件系统的组织与 Windows 操作系统不同。对于在 Linux 下使用的设备，不需要像 Windows 那样创建驱动器盘符，Linux 会将包括本地磁盘、网络文件系统、CD-ROM 和 U 盘等所有设备识别为设备文件，并嵌入到 Linux 文件系统中来进行管理。一个设备文件不占用文件系统的任何空间，仅仅是访问某个设备驱动程序的入口。

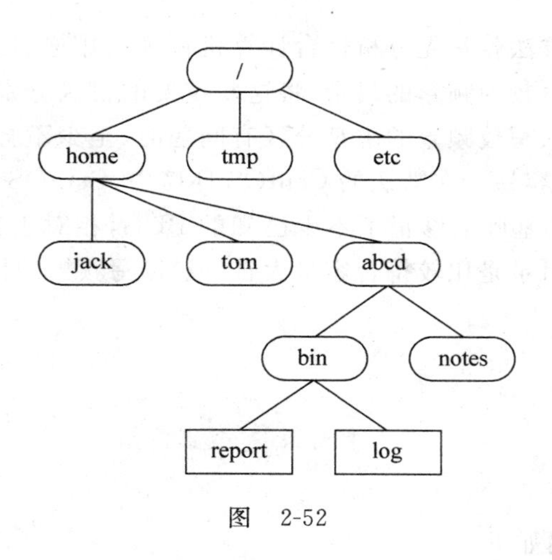

图 2-52

Linux 系统中有两类特殊文件：面向字符的特殊文件和面向块(block)的特殊文件。前者允许 I/O 操作以字符的形式进行，而后者通过内存缓冲区来使数据的读写操作以数据块的方式实现。当对设备文件进行 I/O 操作时，该操作会被转给相应的设备驱动程序。一个设备文件是用主设备号(指出设备类型)和从设备号(指出是该类型中的第几个设备)来表示的，可以通过 mknod 命令进行创建。软盘、光盘和硬盘等典型设备文件在 Linux 系统中的表示方法如表 2-1 所示。

表 2-1

设 备 名	Linux 系统中的表示方法
第一个 IDE 接口的 Master 硬盘	/dev/hda
第一个 IDE 接口的 Slave 硬盘	/dev/hdb
第二个 IDE 接口的 Master 硬盘	/dev/hdc
第二个 IDE 接口的 Slave 硬盘	/dev/hdd
第一个 SCSI 接口的 Master 硬盘	/dev/sda
第一个 SCSI 接口的 Slave 硬盘	/dev/sdb
第二个 SCSI 接口的 Master 硬盘	/dev/sdc
第二个 SCSI 接口的 Slave 硬盘	/dev/sdd
光驱	/dev/cdrom
第一个软盘	/dev/fd0

Linux 文件名最长可允许 256 个字符，可以包括数字、字符，以及“.”、“-”、“_”等符号。Linux 文件名不像 DOS 或 Windows 由主文件名和扩展文件名两部分组成，Linux 中没有扩展名的概念。Linux 环境下，文件名对大小写敏感(Case Sensitive)，例如，“test. txt”与“Test. txt”会被识别成两个不同的文件，而 DOS 或 Windows 平台是不进行大小写区分的。

最简单的分区方法是仅分出根目录与内存交换空间(“/”、“swap”)即可。然后再预留一些剩余的磁盘以供后续的练习使用。当然，这是不保险的分区方法(懒人分区法)。因为如果任何一个小细节坏掉(例如硬盘坏的磁道产生)，根目录将可能整个损毁，挽救比较困难。

较麻烦一点的分区方法就是先分析这台计算机将来的用途，然后根据用途去分析需要较大容量的目录以及读写较为频繁的目录，将这些重要的目录分别独立出来而不与根目录放在一起，如果当这些读、写较频繁的磁盘分区有问题时，至少不会影响到根目录的系统数据，那么挽救起来就比较容易。在默认的 CentOS 环境中，CentOS 是 RHEL 源代码再编译的产物，而且在 RHEL 的基础上修正了不少已知的 BUG，相对于其他 Linux 发行版，其稳定性值得信赖。下面的目录是比较符合容量大且(或)读写频繁的目录：

/

/usr

/home

/var

Swap

Linux 系统文件说明如下。

/ 顶层根目录。所有其他目录都在文件系统层次的根目录下。

/bin 包含基本命令行实用程序。不能在另一个分区配置这个目录；否则无法在 Linux rescue 方式访问这些实用程序。

/boot 包括 Linux 启动计算机时所要的命令或文件。

/dev 列出可用的设备驱动程序。不能将这个目录转载到另外一个分区。

/etc 包括基本 Linux 配置命令。包括与口令，Apache，Samba 之类监控程序和 X 窗口有关的配置命令。

/home 包括除根用户以外的所有用户的主目录。

/initrd 配置启动期间初始内存盘使用的空目录。不能将这个目录转载到另外一个分区。如果删除这个目录，Red Hat Linux 就不能启动了。这个目录不属于 FHS 的一部分。

/root 根用户主目录。/root 目录是根目录(/)的子目录，不能另外转载这个目录。

/temp 作为临时文件的专用存储地址，也是下载文件的好地方。

/user 包括所有用户可用的程序与数据，也包括许多子目录。

/var 包含变量数据，包括日志文件和打印假脱机。这个目录经常转载到另一分区。

2.3 常用基本命令

命令行是向计算机发送命令最直接的方式。用 Linux 命令行，会发现它要比以前曾用过的任何其他命令行更为强大，操作更加快捷、灵活。

1. 复制文件 cp

Linux 中用来复制文件的 cp 命令，有相当多的参数。在默认配置下，该命令在工作时不会提示任何信息，只有在出现错误时才会告知用户。下面是常见的 cp 命令格式及参数。

```
cp [ - fI] FileName TargetFileName
```

-f，强制复制。即使是覆盖文件也不会提示。

-I，交互式复制。在复制每一个文件之前，都要提醒用户确认。

例如

复制 index. htm 为 index. html：

```
[root @localhost ~]#cp index.htm index.html
```

将当前目录下的所有.c 文件复制到/home/clinuxers 下：

```
[root @localhost ~]#cp *.c /home/clinuxers
```

2. 移动文件 mv

mv 命令用来将文件从一个位置移动到另外一个位置。在不同分区之间的移动会先复制，再移动，所以用的时间要长一些。mv 命令的格式及常用参数如下。

```
mv [-fI] FileName
```

-f，强制移动。
-I，交互式移动。
例如
将/home/clinuxers 下的所有文件移动到/tmp 目录下：

```
[root @localhost ~]#mv /home/clinuxers/* /tmp
```

如果 mv 命令前后指定的文件都在同一目录下，但名字不同，则起到的作用是重命名：

```
[root @localhost ~]#mv /home/clinuxers/a.c /home/clinuxers/b.c
```

3. 文件和目录列表 ls

DOS/Windows 下的 dir 命令在 Linux 下对应的是 ls 命令，不过后者的参数更多。ls 命令的格式及主要参数如下。

```
ls [-alrhi] [DirectoryName]
```

-a，显示所有文件和目录。
-l，显示详细信息，包括权限、拥有者、群组、大小、创建日期以及是否链接文件等。
-r，递归显示指定目录和它下面子目录中的所有内容。
-h，将文件大小以更人性化的方式显示，如 1KB、256MB、8GB 等。
-i，显示索引信息(inode)。索引相同的两个文件是硬链接的关系。
例如
以更加人性化的方式详细显示当前目录下文件(包括索引信息)。

```
[root @localhost ~]#ls -lih
```

要查看 ls 命令的详细帮助信息，在命令行提示符下输入“man ls”，或者用“man ls|col -b|lpr”打印出来查看。

4. 删除文件 rm

Linux 下的删除文件命令是 rm，它的命令行格式及参数如下。

```
rm [-ifvr] [FileName]
```

-i，交互式删除。每次删除前都要确认。
-f，强制删除。需要注意的是，Linux 下文件被删除后很难恢复，所以执行本命令要慎重。

-v,冗余模式。显示更多的提示信息。

-r,递归模式。不但删除指定内容,还删除它的子目录下的内容。

例如

删除 FileName:

```
[root @localhost ~]# rm FileName
```

5. 创建目录 mkdir

Linux 下的创建目录命令是 mkdir,它的语法格式如下。

```
mkdir [ - p] DirName
```

例如

在当前目录下,创建一个 web 目录:

```
[root @localhost ~]# mkdir web
```

在当前目录下的 web 目录下创建 image 目录,如果 web 目录不存在,就先创建一个。要注意的是,如果不添加-p 参数,则 web 不存在时,会提示错误信息并创建失败。

```
[root @localhost ~]# mkdir - p web/image
```

6. 删除目录 rmdir

Linux 下删除目录的命令是 rmdir,不过带参数的 rm 命令本身也具备目录删除功能。rmdir 命令的格式及参数如下。

```
rmdir [ - vp] Directory
```

-v,冗余模式,显示更多的提示信息。

-p,不但删除指定目录,还删除其上级目录。

例如

删除 beer 目录:

```
[root @localhost ~]# rmdir /beer/
[root @localhost ~]# rm - rf /beer/
```

需要注意的是,rmdir 命令仅当该目录为空时才执行删除操作,而用 rm 命令删除目录则会删除该目录和其目录中包括的所有内容。

删除/beer/F1 的同时删除其父目录/beer:

```
[root @localhost ~]# rmdir - p /beer/F1/
```

7. 查看当前目录 pwd

在操作计算机时,有时候需要知道当前位于哪个目录,这时候可以通过 pwd 命令来获得答案。需要注意的是,不要被 DOS 下的 cd 命令显示当前目录所混淆。Linux 下执行 cd 命令,如果是以 root 身份登录,执行此命令后,回到/root/目录下;如果是以其他用户登录,则是回到/home/目录下。

要知道当前所在的目录，执行以下命令：

```
[root @localhost ~]# pwd
```

8. 更改当前目录 cd

要改变当前目录，需要用到 cd 命令，命令名与 Windows 下一样，使用方法也大同小异，只不过 Linux 下的 cd 命令功能更强大一些而已。

例如：

```
[root @localhost ~]# cd                ;切换到用户家目录
[root @localhost ~]# cd -              ;返回到上一个目录
[root @localhost ~]# cd ~              ;同样是返回到家目录
[root @localhost ~]# cd /              ;切换到根目录
[root @localhost ~]# cd /root          ;切换到 root 用户的家目录
[root @localhost ~]# cd ..             ;切换到上级目录
[root @localhost ~]# cd /home/tom      ;切换到 tom 用户的家目录
```

9. 查找文件或目录 find

有时可能知道有这么一个目录或者文件存在，但是不知道它在哪里，Linux 下有几个可以帮助完成查找、搜索功能的工具，如 find、locate、which 等。

find 的命令行格式如下：

```
find StartDir Options
```

如果用户没有指定路径，则 find 命令会从当前目录开始搜索并且搜所有的子目录。

find 命令最常用的参数如下。

-atime n，至少在 n×24 小时以内没有访问过的文件。

-ctime n，至少在 n×24 小时以内没有修改过的文件。

-amin n，n 分钟之前访问过的文件。

-ctime n，n 分钟之前修改过的文件。

-print，列表显示找到的文件。

-name fname，文件的名字应为 fname，这里可以使用正则表达式。

-size n[bck]，文件的长度至少为 n 块/字符/千字节(每块等于 512 字节)。

例如

寻找/tmp 下至少 7 天没有被访问过的文件并显示：

```
[root @localhost ~]# find /tmp -atime 7 -print
```

找出/home/clinuxers 下所有文件后缀为 tmp 的文件并且删除它们：

```
[root @localhost ~]# find /home/clinuxers -name "*.tmp" -exec rm
```

从上例中可以看到，find 命令在于可以和 exec 命令结合使用。需要注意的是，文件名会被传递给使用字符串“{}”的命令，并且命令的结尾以“\;”结束。比如，要查找/usr/src/redhat 目录下的所有文件，找到包含有“tcp”的并打印出来：

```
[root @localhost ~]# find /usr/src/redhat -name "*.*" -exec grep 'tcp'{}\; -print
```

10. 查找文件或目录 locate

locate 命令与 find 不同，它是通过在一个数据库中搜索文件或者目录（所以速度比 find 命令快，但如果没有更新数据库，也可能造成搜索结果错误）。

locate 的命令行格式如下：

```
locate Something
```

11. 查找文件或目录 which/whereis/whatis

Linux 下还有 which、whereis、whatis 命令可以用来查找文件。

1）which

which 的语法格式如下：

```
which command
```

主要用来搜索二进制文件、可执行文件或者 shell 命令行的位置。

2）whereis

whereis 的语法格式如下：

```
whereis command
```

主要用来查询二进制文件的位置、源代码的位置和 man 帮助文件位置。

比如“whereis find”会返回如下信息：

```
/usr/bin/find /usr/share.man.manlp/find.lp.gz /usr/shre/man/man1/find.1.gz
```

3）whatis

whatis 的语法格式如下：

```
whatis command
```

主要用来从 man 帮助页面返回软件信息。

2.4 通配符

在使用操作系统中，已经不知不觉使用了通配符。在 Windows 中指定文件或寻找文件时，使用“*”代表任意字符串。例如，“*.txt”同所有以“.txt”结尾的文件相匹配。除了“*”，还有很多其他的通配符。

当输入“ls *.txt”命令并按 Enter 键后，寻找那些文件同“*.txt”模式相匹配的任务不是由 ls 命令，而是由 Shell 自己完成。这需要对命令行是如何被 Shell 解析的作进一步解释。输入如下：

```
$ ls *.txt
    readme.txt recipes.txt
```

该命令首先被分割成一系列单词（本例中的“ls”和“*.txt”）。当 Shell 在某个单词中发现了“*”，它会将整个单词当作通配模式解析，并用所有相匹配的文件替换它。因此，该命令在执行前就变为“ls readme.txt recipe.txt”，而这将得到期望的结果。

其余通配符有如下几种。

(1) ?：仅与一个任意字符匹配。

(2) [···]：同方括号中的任意一个字符相匹配。这些字符可以用字符范围(比如1～9)或者离散值或同时使用两者表示。例如,[a-zBE5-7]同所有 a 到 z 之间的字符和 B、E、5、6、7 相匹配。

(3) [!···]：与所有不在方括号中的某个字符匹配。例如,[! a-z]同某个非小写字母相匹配。

(4) {c1,c2}：同 c1 或者 c2 相匹配。其中 c1 和 c2 也是通配符。因此,您可以使用{[0-9]*,[acr]}。

以下是一些通配符模式及其说明。

(1) /etc/*conf：/etc 目录中所有以 conf 结尾的文件。它将同/etc/inetd.conf、/etc/conf.linuxconf,并且也会同/etc/conf 相匹配。请注意,"*"也匹配空字符串。

(2) image/{cars,space[0-9]}/*.jpg：image/cars、image/space0、(···)、image/space9 目录中以 .jpg 结尾的文件。

(3) /usr/share/doc/*/README：所有/usr/share/doc 的直接子目录中的全部 README 文件。比如/usr/share/doc/mandrake/README。但是不包括/usr/share/doc/myprog/doc/README。

(4) *[! a-z]：当前目录中不以小写字母结尾的全部文件。

2.5 vim 简介

2.5.1 vim 的三种模式

vi 是英文 Visual Editor 的缩写,而 vim 代表了 Vi Improved(增强版 vi)。vim 有三种模式：指令模式、插入模式和指令行模式。

(1) 当打开 vim 时,首先进入的是指令模式,此时输入的任何字符都被当作指令,用于对文件进行编辑操作或者切换到其他模式。

(2) 插入模式是用户使用最多的工作模式,此时可以从当前光标所在位置插入正文。按 Esc 键可以从插入模式切换到指令模式。

(3) 指令行模式用来向 vi 输入特定的扩充指令。在指令模式中输入":"就可以切换到指令行模式。在指令行模式中,用户输入的单行指令会显示在屏幕的最底行,按 Enter 键后才会确认执行。

2.5.2 vim 的基本操作

进入 vim 可以直接在系统提示符下输入 vim 或 vi 如下：

```
[root@localhost ~]#vim <文件名称>
```

1. 插入模式

vim 刚启动的时候,一般处于指令模式,可以用以下命令切换到插入模式。

1）新增（append）

（1）a：从当前光标所在位置之后插入正文。

（2）A：从当前光标所在列最后面的地方插入正文。

2）插入（insert）

（1）i：从当前光标所在位置之前插入正文。

（2）I：从当前光标所在列的第一个非空白字符之前插入正文。

3）开始（open）

（1）o：在当前光标所在列下方新增一列并进入插入模式。

（2）O：在当前光标所在列上方新增一列并进入插入模式。

用户也可以用下面这行命令将其他文件的正文插入到当前光标所在的位置：

```
:r <旧文件名称>
```

或者用以下命令将 shell 命令执行后的结果插入光标所在的位置：

```
:r [shell 命令]
```

2. 编辑模式快捷键

1）删除与修改

在 vim 的原始概念中，输入与编辑完全是不一样的。编辑是在指令模式下操作的，先利用命令移动光标来定位要编辑的地方，然后才下命令进行编辑。命令如下。

（1）x：删除光标所在字符。

（2）dd：删除光标所在的列。

（3）r：修改光标所在字符，r 后接着要插入修正的字符。

（4）R：进入覆盖状态，直到按 Esc 键回到指令模式下。

（5）s：删除光标所在字符，并进入插入模式。

（6）S：删除光标所在的行，并进入插入模式。

2）移动光标

由于许多编辑工作是借助光标来定位完成的，所以 vim 提供了许多移动光标的方式。在指令模式下移动光标的基本命令有 h、j、k、l，PC 键盘上的方向键也可以起到同样的作用，而且无论是在指令模式还是插入模式下都可以应用，用来移动光标的命令还有以下几种。

（1）H：移动到屏幕的第一行。

（2）M：移动到屏幕的中间行。

（3）L：移动到屏幕的最后一行。

（4）G：移动到文档的最后一行。

（5）B：移动到下一个单词的第一个字母。

（6）W：移动到上一个单词的第一个字母。

（7）E：移动到下一个单词的最后一个字母。

（8）0：移动到当前行的第一个字符，其功能等同按 Home 键。

（9）$：移动到当前行的最后一个字符，其功能等同按 End 键。

（10）^：移动到光标所在行的第一个非空白字符。

（11）n－：减号移动到上一列的第一个非空白字符，前面加上数字可以指定往上移动

n 行。

(12) n+：加号移动到下一列的第一个非空白字符，前面加上数字可以指定往下移动 n 列。

(13) nG：移动到第 n 列。

(14) fx：往右移动到 x 字符上。

(15) Fx：往左移动到 x 字符上。

(16) tx：往右移动到 x 字符前。

(17) Tx：往左移动到 x 字符前。

(18) ;：配合 f 和 t 命令使用，重复一次。

(19) ,：配合 f 和 t 命令使用，反方向重复一次。

(20) /string：往右移动到有 string 的地方。

(21) ?string：往左移动到有 string 的地方。

(22) n：配合/和? 命令使用，重复一次。

(23) N：配合/和? 命令使用，反方向重复一次。

(24) n(：左括号表示移动到句子的最前面，前面加上数字可以指定往前移动 n 个句子（句子是以"!"、"."、"?"三种符号来界定）。

(25) n)：右括号表示移动到下个句子的最前面，前面加上数字可以指定往后移动 n 个句子。

(26) n{：左括弧表示移动到段落的最前面，前面加上数字可以指定往前移动 n 个段落。

(27) n}：右括弧表示移动到下个段落的最前面，前面加上数字可以指定往后移动 n 个段落。

(28) Ctrl+f：向下滚屏一页（相当于按 PageDown 键）。

(29) Ctrl+d：向下滚屏半页。

(30) Ctrl+b：向上滚屏一页（相当于按 PageUp 键）。

(31) Ctrl+u：向上滚屏半页。

3）更多的编辑指令

这些编辑指令非常有弹性，基本上可以说是由命令与范围所构成，例如，dw 是由删除指令 d 与范围 w 所组成，代表删除一个字 d(elete) w(ord)。

命令如下所示。

(1) d：删除（delete）。

(2) y：复制（yank）。

(3) p：放置（put）。

(4) c：修改（change）。

范围可以是以下几种。

(1) e：光标所在位置到该字的最后一个字母。

(2) w：光标所在位置到下个字的第一个字母。

(3) b：光标所在位置到上个字的第一个字母。

(4) $：光标所在位置到该列的最后一个字母。

(5) 0：光标所在位置到该列的第一个字母。

(6))：光标所在位置到下个句子的第一个字母。

(7) (：光标所在位置到该句子的第一个字母。

(8) }：光标所在位置到该段落的最后一个字母。

(9) {：光标所在位置到该段落的第一个字母。

值得注意的是，删除与复制都会将指定范围的内容放到缓冲区里，然后就可以用指令 p 粘贴到其他地方，这是 vim 用来处理区段拷贝与搬移的办法。

vim 已经大幅度简化了这一堆命令。如果稍微观察一下这些编辑指令就会发现其实是设定范围的方式有点杂乱，实际上只有四个命令。命令 v 非常好用，只要按下 v 键，光标所在的位置就会反白，然后就可以移动光标来设定范围，再直接下命令进行编辑即可。

对于整列操作，vim 另外提供了更便捷的编辑命令。例如，命令 dd，可以删除整行文字；命令 cc，可以修改整行文字；命令 yy，复制整行文字；命令 D，删除光标到该行结束范围内所有的文字。

3. 存盘退出

(1) :q：退出 vim。如果当前文档已经修改而又没有存盘，则会返回错误信息。

(2) :q!：不保存对文档所作的修改，强制退出。

(3) :n,mw filename：将第 n 行到第 m 行的文字存放到指定的 filename 中。

(4) :w<filename>：另存为 filename。

(5) :wq：存盘退出。

(6) ZZ：存盘退出(在指令模式下使用)。

例 2.1 用 vim 来编写一个 C 语言程序——HelloWorld.c。

(1) 在 Linux 命令行下，输入以下命令打开 vim。

```
[root@localhost ~]# vim HelloWorld.c
```

(2) 现在处于 vim 的命令模式下，按 I 键进入编辑窗口，依次输入以下命令。

```
#include <studio.h>
int main()
{
        printf("Hello World\n");
        return 0;
}
```

(3) 按 Esc 键回到命令模式，然后输入以下命令存盘退出。

```
:wq
```

2.6 输入输出重定向和管道

要了解重定向和管道的规则，需要引入一个概念。绝大部分 Linux 进程(包括图形应用程序，但不包括绝大多数守护程序)至少使用三个文件描述符：标准输入、标准输出、标准错误输出。它们相应的序号是 0、1、2。一般来说，这三个描述符与该进程启动的终端相关联，其中输入为键盘。重定向和管道的目的是重定向这些描述符。

2.6.1 重定向

假设您想要一张 images 目录中所有以 .png 结尾的文件列表(可能会觉得,为什么不直接说“PNG 图片”,而要说“以 .png 结尾的文件”呢? 提醒,在 Linux 下的扩展名惯例是:扩展名并不表示文件的类型。以 .png 结尾的文件很可能是一个 JPEG 图像、一个应用程序、一个文本文件或者任何什么别的类型的文件。在 Windows 下也一样)。该列表非常长,因此会想把它先放到一个文件中,然后在有空的时候查看。可以输入以下命令:

```
$ ls images/*.png 1>file_list
```

这表示把该命令的标准输出(1)重定向到(>)file_list 文件。其中的“>”操作符是输出重定向符。如果要重定向到的文件不存在,它将被创建;不过如果它已经存在,那么它先前的内容将被覆盖。不过,该操作符默认的描述符就是标准输出,因此就不用在命令行上特意指出。所以,上述命令可以简化为:

```
$ ls images/*.png >file_list
```

其结果是一样的。然后就可以用某个文本文件查看器(比如 less)来查看。

现在,假定想要知道这样的文件有多少。不用手工计数,可以使用 wc(单词计数(Word Count))这个工具。使用其-l 选项将在标准输出上显示文件的行数。所以,命令如下:

```
wc -l 0<file_list
```

就可以得到期望的结果。其中的“<”操作符是输入重定向符,并且其默认重定向描述符是标准输入(即 0)。因此命令可以简化为

```
wc -l <file_list
```

假定又想去掉其中所有文件的“扩展名”,并将结果保存到另一个文件。要完成这一功能可以使用 sed(流编辑器(Stream EDitor))。只要将 sed 的标准输入重定向为 file_list,并将其输出重定向到结果文件 the_list。

```
sed -e 's/\.png$//g' <file_list >the_list
```

所需要的文件就已被创建,并等待在有空的时候用任何查看器查看。

重定向标准错误输出也很有用。例如,会想要知道在 /shared 中有哪些目录不能够访问。一个办法是递归地列出该目录并重定向错误输出到某个文件,并且不要显示标准输出,命令如下:

```
ls -R /shared >/dev/null 2>errors
```

这表示标准输出将被重定向到(>)/dev/null(所有输出到此特殊文件的东西都将被丢弃,即不显示标准输出),并将标准错误输出(2)重定向到(>)errors 文件。

2.6.2 管道

管道在某种程度上是输入和输出重定向的结合。其原理同物理管道类似:一个进程向

管道的一端发送数据，而另一个进程从该管道的另一端读取数据。管道符是“|”。再来看看上述文件列表的例子。假设想直接找出有多少对应的文件，而不想先将它们保存到一个临时文件，命令如下：

```
ls images/*.png | wc -l
```

这表示将 ls 命令的标准输出(即文件列表)重定向到 wc 命令的输入，这样就直接得到了想要的结果。

也可以使用下述命令得到“除去扩展名”的文件列表：

```
ls images/*.png | sed -e 's/\.png$//g'>the_list
```

或者，如果想要直接查看结果而不想保存到某个文件：

```
ls images/*.png | sed -e 's/\.png$//g' | less
```

管道和重定向不仅仅只能用于人们可以阅读的文本文件。例如下述来自终端的命令：

```
xwd -root | convert - ~/my_desktop.png
```

将把桌面的截屏保存到个人目录中的 my_desktop.png 文件。

本章小结

本章首先介绍 Linux 系统安装前的准备工作、安装过程和配置。Linux 基本操作和常用命令，包括进入系统与退出系统，Linux 系统的目录和文件的基本操作。接着介绍了 vim，vim 的三种模式和基本操作。最后介绍了输入输出重定向和管道。

习　题

1. 什么是绝对路径、相对路径？
2. 如何更改目录的名称？比如由/home/test 变成/home/test2。
3. 要查询/usr/bin/passwd 文件的一些属性，可以使用什么命令？
4. 尝试用 find 找出当前 Linux 系统中所有具有 SUID 的文件。

第3章 用户管理

3.1 用户系统简介

在 Linux 系统中，如果对安全需求比较苛刻，完全可以限制用户的各种行为，不同用户的权限是不同的。

3.1.1 UID 与 GID

虽然登录 Linux 主机的时候，输入的是账号，但是，Linux 主机并不会直接认识"账号名称"，它认识的是账号 ID，ID 就是一组号码。主机识别的是数字，账号只是为了让人们容易记忆。ID 和账号的对应关系保存在/etc/passwd 中。

在登录 Linux 主机时，在输入完账号和密码时，Linux 会先查找/etc/passwd 文件中是否有这个账号，如果没有则跳出，如果有的话，它会读取该账号的 User ID(用户 ID，UID)和 Group ID(用户组 ID，GID)，同时该账号的根目录和 Shell 也读了出来。然后再去核对密码表，在/etc/shadow 中找出输入的账号和 User ID，核对输入密码是否正确。一切正确就可以登录到当前用户 Shell。

如何登录 Linux 主机的？当在主机前或者是以 telnet 或者 ssh 登录主机时，系统会出现一个 login 的画面，要求输入账号，这个时候当输入账号与密码之后，Linux 会进行如下操作：

(1) 先找/etc/passwd 里面是否有这个账号。如果没有则退出，如果有的话则将该账号对应的 UID(User ID)与 GID(Group ID)读出来，另外，该账号的家目录与 Shell 设定也一起读出；

(2) 然后则是核对密码表，这时 Linux 会进入/etc/shadow 中找出对应的账号与 UID，然后核对刚刚输入的密码与里面的密码是否相符；

(3) 如果一切都相符，就进入 Shell 控制阶段。

大致情况如此，所以，要登录 Linux 主机时，/etc/passwd 与/etc/shadow 就必须要让系统读取(这也是很多攻击者会将特殊账号写到/etc/passwd 中的原因)。如果要备份 Linux 系统的账号，这两个文件就一定需要备份。

3.1.2 用户账号文件

账号管理的两个文件是/etc/passwd 与/etc/shadow，可以说是 Linux 里最重要的文件了，如果没有这两个文件的话，就无法登录 Linux。更详细的信息可以用"man 5 passwd"和"man 5 shadow"来查看。

1. /etc/passwd

这个文件的结构是这样的：每一行都代表一个账号，有几行就代表有几个账号在系统中。要特别注意的是，里面很多账号本来就是系统中必须要的，称为系统账号，例如bin、daemon、adm和nobody等，这些账号是系统正常运行所需要的，不要随意地删除，如下所示。

```
root:x:0:0:root:/root:/bin/bash
bin:x:1:1:bin:/bin:/sbin/nologin
daemon:x:2:2:daemon:/sbin:/sbin/nologin
adm:x:3:4:adm:/var/adm:/sbin/nologin
```

首先看第一行，是root系统管理员行，一共有七项，每一项使用"："分开，它们代表的意思如下。

(1) 账号名称：账号名称对应用户ID，这个是系统默认用户root超级管理员，在同一个系统中账号名称是唯一的，长度根据不同的Linux系统而定，一般是八位。

(2) 密码：由于系统中还有一个/etc/shadow文件用于存放加密后的密码，所以在这里这一项是"x"来表示，如果用户没有设置密码，则该项为空。

(3) 用户ID：这个是系统内部用于来识别不同的用户的，不同的用户识别码不同，其中用户ID有以下几种。

① 0代表系统管理员，如果想建立一个系统管理员，可以建立一个普通账号，然后将该账户的用户ID改为0即可。

② 1～500系统预留的ID。

③ 500以上是普通用户使用的。

(4) 组ID：其实这个和用户ID差不多，用来规范群组的，它与/etc/group有关。

(5) 描述信息：这个字段几乎没有什么作用，只是用来解释这个账号的意义。一般常见的是用户全名信息。

(6) 用户根目录：就是用户登录系统的起始目录，用户登录系统后将首先进入该目录。root用户默认的是/root，普通用户的是/home/用户名。

(7) 用户登录Shell：用于当执行命令后，各硬件设备接口之间的通信。通常使用/bin/bash这个Shell来执行命令。登录Linux时为默认是bash，是在这里设置的。

通常可以使用vi编辑这个文件，也可以使用vipw命令对/etc/passwd这个用户账户文件进行编辑，使用的编辑器是vi。

2. /etc/shadow

由于每个程序都需要取得UID和GID来判断权限问题，所以，/etc/passwd的权限必须要设置为-rw-r--r--，这种情况下，所有人就可以看到用户密码了。即使文件内的密码栏是加密的，也可能有人利用攻击手段尝试找出密码数据。因为这个原因，后来就将密码移到/etc/shadow文件中，而且在/etc/shadow里加入了很多密码限制参数，如下所示。

```
root:$K.K2.hqu.QfV.dkjjteojiasdlkjeo:13798:0:99999:7:::
bin:*:13798:0:99999:7:::
daemon:*:13798:0:99999:7:::
adm:*:13798:0:99999:7:::
```

这是 shadow 的形式，也同样以“：”作为分隔的符号。有九个字段，说明如下。

(1) 账号名称：和 passwd 对应，和 passwd 的意思相同。

(2) 密码：这是真正的密码，并且已经加密过了，只能看到一些特殊符号。需要注意的是，这些密码很难破解，但“很难”不等于“不能”。密码栏的第一个字符为“*”表示这个用户不会用来登录，如果管理员不想让某个用户登录，可以在它前面加个“*”；第一个字符为“!”号表示该用户被禁用，一般新创建的账号后还未设置密码该账号就是禁用状态，使用“!!”表示；第一个字符为“空”的话，代表该用户没有密码，登录时不需要密码。

(3) 上次改动密码的日期：这段记录了改动密码的最后日期，为什么是 13798 呢？这是因为 Linux 计算日期的方法是以 1970 年 1 月 1 日作为 1，1971 年 1 月 1 日就是 366，以此类推到用户修改密码的日期表示为 13798 了。

(4) 密码不可被改动的天数：这个字段代表要经过多久才可以更改密码。如果是 0 代表密码可以随时更改。

(5) 密码需要重新更改天数：由于害怕密码被人盗取而危害到整个系统的安全，所以安排了这个字段，必须在这个时间内重新修改密码；否则这个账号将暂时失效。上面的 99999，表示密码不需要重新输入，最好设定一段时间修改密码，确保系统安全。

(6) 密码变更期期限快到前的警告期：当账号的密码失效期限快到时，系统依据这个字段的设定发出警告，提醒用户“再过 n 天您的密码将过期，请尽快重新设定密码。”默认的是 7 天。

(7) 账号失效期：如果用户过了警告期没有重新输入密码，使得密码失效，而该用户在这个字段限定的时间内又没有向管理员反映，让账号重新启用，那么这个账号将暂时失效。

(8) 账号取消日期：这个日期跟第三个字段一样，都是使用 1970 年以来的日期设定方法。这个字段表示，这个账号在此字段规定的日期之后将无法再使用。这个字段通常用于收费服务系统中，可以规定一个日期让该账号不能再使用。

(9) 保留：最后一个字段是保留的，为以后添加新功能做准备。

3. /etc/group

```
root:x:0:root
bin:x:1:root,bin,daemon
daemon:x:2:root,bin,daemon
sys:x:3:root,bin,adm
adm:x:4:root,adm,daemon
```

分析第一行，一共有四项，依次说明如下。

(1) 群组名称：群组的名称。

(2) 群组密码：通常不需设定，因为很少使用群组登录。不过这个密码也被记录在 /etc/shadow 中。

(3) 群组 ID：也就是组 ID。

(4) 支持账号的名称：这个群组的所有账号。如果想让用户 tomzhang 也属于 root 这个群组，就在第一行最后加上“,tomzhang”，注意添加的时候没有空格。

通常使用 vi 编辑这个文件，也可以使用 vigr 这个命令编辑，等同于使用“vi/etc/group”编辑。

3.2 用户管理

3.2.1 创建用户

useradd 添加用户语法格式如下：

```
useradd [ - u UID] [ - g GID] [ - d HOME] [ - mM] [ - s shell] username
```

参数说明如下。

-u：直接给予一个 UID。

-g：直接给予一个 GID(此 GID 必须已经存在于/etc/group 当中)。

-d：直接将他的家目录指向已经存在的目录(系统不会再建立)。

-M：不建立家目录。

-s：定义其使用的 Shell。

例 3.1

```
[root @test /root]# useradd testing
<== 直接以预设的数据建立一个名为 testing 的账号
[root @test /root]# useradd - u 720 - g 100 - M - s /bin/bash testing
<== 以自己的设定建立账号
```

这个命令至少会更改的文件有以下这些地方：

(1) /etc/passwd；

(2) /etc/shadow；

(3) /etc/group；

(4) /etc/gshadow；

(5) /etc/skel；

(6) /etc/default/useradd；

(7) /etc/login. defs。

通常使用“useradd test1”可以建立一个名为 test1 的账号。

有关的设置在/etc/login. defs 与/etc/default/useradd 这两个文件中。

在 login. defs 文件中的内容与以下类似。

```
MAIL_DIR    /var/spool/mail          <== 邮件预设目录摆放处
PASS_MAX_DAYS 99999                  <== 密码需要变更的时间
PASS_MIN_DAYS 0                      <== 密码多久需要变更
PASS_MIN_LEN 5                       <== 密码最短的字符长度(可以适当修改)
PASS_WARN_AGE 7                      <== 密码变更期期限到前的警告期

UID_MIN 500                          <== 用户最小的 UID(小于 500 的 UID 是系统保留)
UID_MAX 60000                        <== 用户能够用的最大 UID
GID_MIN 500                          <== 用户自定义用户组的最小 GID,小于 500 是系统保留
GID_MAX 60000                        <== 用户自定义用户组的最大 GID

CREATE_HOME yes                      <== 是否建立家目录,默认是建立家目录
```

看到这个文件,就可以知道,为什么新建用户的 UID 都会大于 500。而且某些版本(如 SuSE server 9)是将 UID_MIN 设置为 1000,所以,它的一般身份用户的 UID 就会从 1000 开始。

如果现在新增加一个用户,这个用户的 UID 会是多少?答案是:“如果/etc/passwd 中的账号所属 UID 没有大于/etc/login. defs 里的 UID_MIN(默认是 500)时,则以 UID 500 作为新账号的 UID。如果/etc/passwd 已有大于 500 以上的 UID 时,则取/etc/passwd 内最大的那个 UID+1 作为新设账号的 UID”。如果想要建立系统用的账号,使用“useradd -r sysaccount”时,就会找“比 500 小的最大的那个 UID+1”。

使用 useradd 来新增用户时候,/etc/default/useradd 这个文件的内容类似以下内容。

```
GROUP = 100                              <== 默认的用户组
HOME = /home                             <== 默认的家目录所在目录
INACTIVE = - 1                           <== 密码过期的宽限时间
EXPIRE =                                 <== 账号失效日期
SHELL = /bin/bash                        <== 默认的 Shell
SKEL = /etc/skel                         <== 用户家目录的内容数据参考目录
```

3.2.2 修改用户

1. userdel 命令

该命令用于删除 Linux 系统中的用户账号,命令格式如下:

```
userdel [ - r] user_name
```

一般在使用这条命令的时候,如果不添加“-r”的话,不会删除用户的宿主目录,这样就可以保存该用户在系统中的文件。如果想要删除,可以通过手工方式删除该目录,但是先要确认该宿主目录中的文件可以删除。直接使用“-r”这样就可以一次性地删除用户操作。

```
[root@linux ~]# userdel - r admin
```

2. 手工删除用户

手工删除一个用户需要执行如下步骤:

从/etc/passwd、/etc/shadow、/etc/group 配置文件中删除该用户的相关条目,然后删除该用户的宿主目录。

3. usermod 命令

在工作过程中为了提高系统的安全性,最常用的是禁用和启用账户。可以使用 usermod 命令来禁用账号。

```
[root@linux ~]# grep test1 /etc/shadow  <== 禁用前查看一下
test1:$1$66svsu0z$9yg1bwziK2rXvnYiUH9HB1:14163:0:99999:7:::
[root@linux ~]# usermod - L test1       <== 禁用账号
[root@linux ~]# grep test1 /etc/shadow  <== 再次查看一下,发现多出一个"!",表明用户已禁用
test1:!$1$66svsu0z$9yg1bwziK2rXvnYiUH9HB1:14163:0:99999:7:::
[root@linux ~]#
```

当因工作需要的时候,可以将已禁用的账号 test1 重新启用,命令如下:

```
[root@linux ~]# usermod -U test1        <== 重新启用账号
[root@linux ~]# grep test1 /etc/shadow  <== 发现"!"已经移除,表明用户已启用
test1:$1$66svsu0z$9yg1bwziK2rXvnYiUH9HB1:14163:0:99999:7:::
[root@linux ~]#
```

从以上的操作可以看出,用 usermod 命令来禁用和启用账号功能是通过在/etc/shadow 配置文件中,在用户密码之前添加和删除"!"来实现的,也可以使用手工添加或删除"!"来实现。

这里也可以使用 usermod 命令实现"账号失效期"来设置账号的有效期限,命令格式如下:

```
usermod -e YYYY-MM-DD name
```

通过这个命令可以设置用户账号的过期时间,就是说在此日期之前用户账户生效,过了这个日期后用户将禁止登录。设置以后如下所示。

```
[root@linux ~]# usermod -e 2008-10-18 test1      <== 设置账号过期时间
[root@linux ~]# grep test1 /etc/shadow           <== 验证结果
test1:$1$66svsu0z$9yg1bwziK2rXvnYiUH9HB1:14163:0:99999:7::14170:
[root@linux ~]#
```

3.2.3 用户组

用户组的内容都与下面这两个文件有关:

```
/etc/group
/etc/gshadow
```

1. groupadd

```
groupadd [-g gid] [-r]
```

参数如下。

-g:后面接某个特定的 GID,用来直接给予某个 GID。

-r:建立系统用户组。与/etc/login.defs 内的 GID_MIN 有关。

例 3.2 新建一个用户组,名称为 group1。

```
[root@linux ~]# groupadd group1
[root@linux ~]# grep group1 /etc/group /etc/gshadow
/etc/group:group1:x:702:
/etc/gshadow:group1:!::
```

要注意的是,在 GID 也是由 500 以上最大 GID+1 来决定。

例 3.3 新建一个系统用户组,名称为 group2。

```
[root@linux ~]# groupadd -r group2
[root@linux ~]# grep group2 /etc/group /etc/gshadow
/etc/group:group2:x:101:
/etc/gshadow:group2:!::
```

现在了解是否加-r 的区别了。结果与/etc/login.defs 中的设置有关,而且以 groupadd

新增的账号,默认都不能用密码方式登录,也就是说,默认是私有用户组,无法使用 newgrp 来登录。

2. groupmod

与 usermod 类似,这个命令只是进行 group 相关参数的修改。

```
groupmod [ - g gid] [ - n group_name]
```

参数如下。

-g:修改已有的 GID 数字。

-n:修改已有的用户组名称。

例 3.4 将 groupadd 命令建立的 group2 名称改为 groupabc,GID 为 103。

```
[root@linux ~]# groupmod - g 103 - n groupabc group2
[root@linux ~]# grep groupabc /etc/group /etc/gshadow
/etc/group:groupabc:x:103:
/etc/gshadow:groupabc:!::
```

注意:不要随意更改 GID,否则容易造成系统资源的混乱。

3. groupdel

groupdel 是删除用户组。

```
groupdel [groupname]
```

例 3.5 将前面范例中的 groupabc 删除。

```
[root@linux ~]# groupdel groupabc
```

例 3.6 删除 tomzhang 用户组。

```
[root@linux ~]# groupdel tomzhang
groupdel:cannot remove user's primary group.
```

为什么 groupabc 可以删除,tomzhang 就不能删除?因为,有某个账号的初始用户组使用该用户组。如果查看一下,会发现在/etc/passwd 内的 tomzhang 中的 GID,就是/etc/group 内的 tomzhang 用户组的 GID,所以无法删除。否则 tomzhang 用户登录系统后,找不到 GID,会造成很大的困扰。如果要删除 tomzhang 用户组,必须要确认/etc/passwd 内的账号没有任何人使用该用户组作为初始用户组。所以,操作步骤可以如下:

(1) 修改 tomzhang 的 GID;

(2) 删除 tomzhang 用户。

3.3 用户系统详解

为什么在 Linux 系统中还要变换身份?原因如下。

(1) 使用一般账号:平时操作系统的好习惯。

事实上,为了安全起见,建议使用 Linux 时,尽量以一般身份用户来操作,等到需要设置系统环境时,才变换身份成为 root 来进行系统管理,相对比较安全。

(2) 用较低权限启动系统服务。

考虑到系统的安全性，有的时候必须要以某些系统账号来执行程序。比如，Linux 主机上的一套软件，名称是 Apache，可以额外建立一个名称是 apache 的用户来启动 Apache，这样，如果这个程序被攻破，至少系统还不至于崩溃。

(3) 软件本身的限制。

以前没有 ssh 的时候，都是使用 telnet 登录系统，系统默认不打开 root 以 telnet 登录。如何远程控制 Linux 主机？系统最特殊的账号是 UID 为 0 的用户，他具有至高无上的权力，而且是系统管理员必须具有的身份；否则怎么控制主机？telnet 将 root 的登录权限关闭，如果建立一个用户，并将其 UID 变为 0，会如何？telnet 就认 UID，所以肯定不能进入系统，方法是变换身份，将一般用户的身份变成 root 就可以了。

如何变换身份？一般来说，都不希望用 root 身份登录主机，以避免被黑客入侵。但一台主机又不能完全不进行修补或设置，这个时候要如何把一般用户的身份变成 root 身份？主要有以下两种方式。

(1) 用 su 直接将身份变成 root，但是这个命令需要 root 的密码，换言之，如果要以 su 变成 root，一般用户就必须要有 root 的密码才可以。

(2) 当有很多人同时管理一台主机的时候，root 的密码不就有很多人知道了吗？所以，如果不想将 root 的密码外传，可以使用 sudo。

1. su

语法格式如下。

```
su [ - lcm] [username]
```

参数如下。

-：如果执行 su-时，表示该用户想要变换身份成为 root，且使用 root 的环境设置参数文件，如/root/. bash_profile 等。

-l：后面可以加用户，如 su -l test，这个-l 的好处是，可使用变换身份者的所有相关环境设置文件。

-m：-m 与-p 是一样的，表示使用当前环境设置，而不重复读取新用户的设置文件。

-c：仅进行一次命令，所以-c 后面可以加上命令。

例 3.7 由原来的 test 用户，变换身份成为 root。

```
[test@linux ～]$ su
Password:                                   <== 输入 root 的密码
[root@linux ～]# env
USER = test
USERNAME = root
MAIL = /var/spool/mail/test
LOGNAME = test
# 如果使用 su,没有加上 -,那么很多原来用户的相关设置会继续存在,
# 这也会造成后来的 root 身份执行时的困扰.最常见的就是 PATH 变量的问题

[root@linux ～]# exit                       <== 这样可以离开 su 的环境
[test@linux ～]$ su -
```

```
Password:                           <== 这里输入 root 的密码
[root@linux ~]# env
USER = root
MAIL = /var/spool/mail/test
LOGNAME = root
# 可以看出来有什么不同,所以,下次在变换成为 root 时,最好使用 su-
```

虽然使用 su 很方便,不过缺点是,系统在有很多管理员时,是否每个人都需要知道 root 的密码?这样很危险,root 的密码可能会外泄,怎么办?可以使用 sudo 来代替 su。

2. sudo

众所周知,如果很多人管理一台主机,如果大家都知道 root 的密码,这就会很危险。这时候,可以使用 sudo。sudo 是如何工作的?

(1) 当用户执行 sudo 时,系统会主动去找/etc/sudoers 文件,判断该用户是否执行 sudo 的权限。

(2) 确认用户具有可执行 sudo 的权限后,让用户"输入用户自己的密码"来确认。

(3) 如果密码输入成功,就开始执行 sudo 后续的命令。

(4) root 执行 sudo 时,不需要输入密码。

(5) 如果要切换的身份与执行者身份相同,也不需要输入密码。

用户输入的是自己的密码,而不是要切换成为他的那个身份的密码。举例来说,假设 tomzhang 具有执行 sudo 的权限,那么,当他以 sudo 执行 root 的工作时,需要输入的是 tomzhang 自己的密码,而不是 root 的密码。这样,每个人可以使用自己的密码执行 root 的工作,而不必知道 root 的密码,这样就安全很多。此外,用户能够执行的命令是可以被限制的,所以,可以设置 tomzhang 只能进行 shutdown 的工作,或者是其他一些简单的命令。

语法格式如下:

```
sudo [ -u [username| #uid]] command
```

参数如下。

-u:后面可以接用户账号名称,或者是 UID。比如 UID 是 500 的身份,可以用"-u #500"来切换到 UID 为 500 的那位用户。

例 3.8 一般身份用户使用 sudo 在 /root 下面建立目录。

```
[tomzhang@linux ~]$ sudo mkdir /root/testing
Password:                          <== 输入 tomzhang 自己的密码
tomzhang is not in the sudoers file. This incident will be reported.
# 因为 tomzhang 不在/etc/sudoers,所以就无法执行 sudo
```

例 3.9 假设 tomzhang 已经有 sudo 的执行权限,在/root 下面建立目录的命令如下。

```
[tomzhang@linux ~]$ sudo mkdir /root/testing
Password:                          <== 输入 tomzhang 自己的密码
```

例 3.10 如何将 sudo 与 su 结合使用?

```
[tomzhang@linux ~]$ sudo su -
```

以上有三个范例都是以 tomzhang 用户来进行操作，但是在默认的情况下，用户应该是不能使用 sudo 的。这是因为上面提到，还没有去设置/etc/sudoers。所以，如果要测试上面的范例，之前需要修改/etc/sudoers。不过，因为/etc/sudoers 需要一些比较特别的语法，因此如果直接以 vi 去编辑它，当输入有错误时，可能会造成无法启动 sudo 的后果。因此，建议一定要使用 visudo 去编辑/etc/sudoers。visudo 必须使用 root 的身份来执行。

```
[root@linux ~]# visudo
# sudoers file.
# This file MUST be edited with the 'visudo' command as root.
# See the sudoers man page for the details on how to write a sudoers file.
#
# Host alias specification
# User alias specification
# Cmnd alias specification
# Defaults specification
# User privilege specification
root ALL = (ALL) ALL
tomzhang ALL = (ALL) ALL                    <== 这里将 tomzhang 设置成完全可用

# Uncomment to allow people in group wheel to run all commands
#  %wheel ALL = (ALL) ALL
# Same thing without a password
#  %wheel ALL = (ALL) NOPASSWD: ALL
# Samples
#  %users ALL = /sbin/mount /cdrom,/sbin/umount /cdrom
#  %users localhost = /sbin/shutdown - h now
```

使用 visudo 之后，会出现一个 vi 画面，它就是以 vi 来打开/etc/sudoers 的，当存储离开时，visudo 会去检查/etc/sudoers 内部的语法，以避免用户输入错误的信息。在上面只加入一行，就是让 tomzhang 成为可以随意使用 sudo 的身份。一般可以使用 man sudoers 去查看/etc/sudoers 的结构，该帮助做了很清楚的解释。

"tomzhang ALL=(ALL) ALL"各参数表代表的意义如下：

用户账号 登录的主机=(可以变换的身份)可以执行的命令

上面这一行的意义是：tomzhang 用户，不论来自何处，可以变成任何 Linux 本机上具有的所有账号，并执行所有的命令。假如系统里有一个 Web 软件是以 www 这个用户来进行编辑的，想要让 test2 用户可以用 www 这个账号进行编辑，那么就写成：test2 ALL=(www) ALL。如果错写成：test2 ALL=ALL，没有加上身份声明的话，那么默认是仅能进行 root 的身份切换，这是很重要的一个概念。另外，如果想要以用户的用户组来进行规范的话，那么在"用户账号"的字段前面加上"%"时，就代表是用户组(group)的身份。比如，想要让系统里的所有属于 wheel 用户组的用户都能够进行 sudo 时，可以这样写：

```
%wheel ALL = (ALL) ALL
```

如果还想要让这个用户组内的用户在使用 sudo 时，不需要输入密码，可以在"可以执行的命令"字段内多加入一个名为"NOPASSWD："的参数，即

```
%wheel ALL = (ALL) NOPASSWD: ALL
```

除了单一个人或单一用户组之外，还可以额外指定一些“账号别名、主机别名、命令别名”等数据来相互套用。别名必须要使用大写字母。

本章小结

本章首先介绍UID与GID的概念、用户账号中两个重要的文件/etc/passwd与/etc/shadow；接着介绍用户管理中，如何创建用户、修改用户以及用户组；最后一节中介绍了用户身份切换。

习　题

1. root的UID与GID是多少？要让test账号具有root权限，如何操作？

2. 简述系统账号与一般用户账号的区别。

3. 用户是否可以随便设定密码？

4. 假设一名系统管理员，有一个用户最近违规，管理员想暂时将他的账号停用，让他近期无法进行任何操作，等到将来他好点之后，管理员再启用他的账号，如何操作比较好？

5. 在使用useradd的时候，新增账号里的UID、GID还有其他相关的密码控制，都是在哪几个文件里设置？

6. 要让tom用户加入testgroup1、testgroup2、testgroup3这3个用户组，如何操作？

第4章 文件与目录权限

4.1 权限系统简介

Linux 系统是一个典型的多用户系统，不同的用户处于不同的地位。为了保护系统的安全性，Linux 系统对不同用户访问同一文件的权限做了不同的规定。

对于一个 Linux 系统中的文件来说，它的权限可以分为三种：读的权限、写的权限和执行的权限，分别用 r、w 和 x 表示。不同的用户具有不同的读、写和执行的权限。

对于一个文件来说，它有一个特定的所有者，也就是对文件具有所有权的用户。同时，由于在 Linux 系统中，用户是按组分类的，一个用户属于一个或多个组。文件所有者以外的用户又可以分为文件所有者的同组用户和其他用户。因此，Linux 系统按文件所有者、文件所有者同组用户和其他用户三类规定不同的文件访问权限。

4.1.1 文件与目录的属性

Linux 文件与目录的属性主要包括：文件或目录节点、类型、权限模式、链接数量、所归属的用户和用户组、最近访问或修改的时间等内容。

查看文件与目录属性的方法如下。

(1) 在命令提示符下输入命令：ls -li 文件或目录路径名。显示文件或目录内容的长列表，如果同时给出-a 选项，则所有文件，包括隐藏文件和目录(那些以圆点打头的)都被显示出来。

如图 4-1 所示，列出了目录 wyp 下的详细信息。具体解释如下。

```
root@localhost
文件(F)  编辑(E)  查看(V)  终端(T)  转到(G)  帮助(H)
[root@localhost root]# ls -li /home/wyp
总用量 184
 226715 -r---w---x    1 root     root          0  6月  4 21:27 a1
 226711 -rw-rw-r--    1 wyp      wyp       47276  5月 31 10:05 dev1
 226719 -rw-r--r--    1 root     root        346  6月  4 16:55 exec1
 226723 -r---w---x    1 root     root         21  6月  4 17:13 f1
 226722 -r---w---x    1 root     root          7  6月  4 21:27 f2
 226737 -rwxr-xr-x    1 root     root      15781  6月  5 00:19 file
 226739 -rw-r--r--    1 root     root        135  6月  5 00:19 file.c
 226712 -rw-rw-r--    1 wyp      wyp          23  5月 31 14:40 fruit1
```

图 4-1

第一字段：索引节点(Inode)。在 Linux 系统中，内核为每一个新创建的文件分配一个 Inode(索引节点)，每个文件都有一个唯一的 Inode 号，也可以将 Inode 简单理解成一个指针，它永远指向本文件的具体存储位置。文件属性保存在索引节点里，在访问文件时，索引节点被复制到内存中，从而实现文件的快速访问。系统是通过索引节点（而不是文件名）来定位每一个文件。

第二字段：文件类型和权限。这一字段共有 10 个字符，现将具体意义说明如表 4-1 所示（其中 X 表示每一位字符）。

表 4-1

X	X X X	X X X	X X X
文件类型	文件主权限	同组用户权限	其他用户权限

Linux 中常见的文件类型说明如下。

d：表示目录文件。

-：表示一个普通文件。

l：表示一个链接文件，相当于 Windows 中的快捷方式，但并不完全一样。

b、c：分别代表区块设备和其他外围设备，是特殊类型的文件。最常见的区块设备文件就是磁盘，外围设备是打印机和终端。

s、p：这些文件关系到系统的数据结构和管道，比较少见。

第三字段：链接到其他文件和目录的数目。Linux 中包括两种链接：硬链接和软链接，软链接又称为符号链接。

硬链接指向文件索引节点，系统并不为它重新分配 Inode，也就是说，Inode 值相同的文件是硬链接。

用 ln 创建文件硬链接，格式如下：

```
ln 源文件 目标文件
```

例如，现要为文件 exec1 创建硬链接 exec2，从图 4-2 观察一下 exec1 和 exec2 文件的属性。

```
[root@localhost wyp]# ls -li exec1
 226719 -rw-r--r--    1 root     root          346  6月  4 16:55 exec1
[root@localhost wyp]# ln exec1 exec2
[root@localhost wyp]# ls -li exec*
 226719 -rw-r--r--    2 root     root          346  6月  4 16:55 exec1
 226719 -rw-r--r--    2 root     root          346  6月  4 16:55 exec2
```

图 4-2

从图 4-2 可见，exec1 在没有创建硬链接文件时，其链接个数是 1，创建硬链接后，这个值变成了 2。也就是说，每次为源文件创建一个硬链接文件后，其硬链接个数都会增加 1。若是子目录，其链接数一定为 2。

硬链接是已存在文件的另一个名字，修改其中一个，与其连接的文件同时被修改；如果删除源文件，硬链接文件仍然存在，其内容不变，但系统已把它当成一个普通文件。硬链接文件有如下两个限制：

① 不允许给目录创建硬链接；

② 只有在同一文件系统中的文件之间才能创建链接。

软链接指向的是路径，这个文件包含了另一个文件的路径名。可以是任意文件或目录，还可以链接不同文件系统的文件，和 Windows 下的快捷方式差不多。软链接文件甚至可以链接不存在的文件，这就产生一般称为“断链”的问题，链接文件甚至可以循环链接自己，类似编程语言中的递归。

用 ln 创建文件软链接，格式如下：

```
ln -s 源文件或目录 目标文件或目录
```

例如，现要为文件 exec1 创建软链接 exec3，并观察 exec1 和 exec3 的属性，如图 4-3 所示。两个文件的节点、类型、读写权限、创建时间不同。文件的链接数不变，exec3 后面的一个标记－>，表示 exec3 是 exec1 的软链接文件。

```
[root@localhost wyp]# ln -s exec1 exec3
[root@localhost wyp]# ls -li exec*
226719 -rw-r--r--    2 root     root         346  6月   4 16:55 exec1
226719 -rw-r--r--    2 root     root         346  6月   4 16:55 exec2
226725 lrwxrwxrwx    1 root     root           5 10月   9 04:00 exec3 -> exec1
```

图 4-3

当修改链接文件的内容时，就意味着在修改源文件的内容。当然源文件的属性也会发生改变，链接文件的属性并不会发生变化；当删除源文件后，链接文件只存在一个文件名，这就是“断链”现象。

第四字段：文件属主。指创建文件或目录的用户，除非指派了所有权。

第五字段：文件属组。指所有者属于的属组名，由系统管理员建立。

第六字段：文件或目录的大小。以字节为单位。

第七字段和第八字段：文件创建或最后修改的月、日、年（如果不是当年）和时间。

第九字段：文件或目录名。

（2）通过鼠标右键查看文件或目录属性。鼠标右击，出现快捷菜单，选择“属性”选项，弹出如图 4-4 所示“wyp 属性”对话框，通过此窗口“权限”选项卡即可修改相应权限。

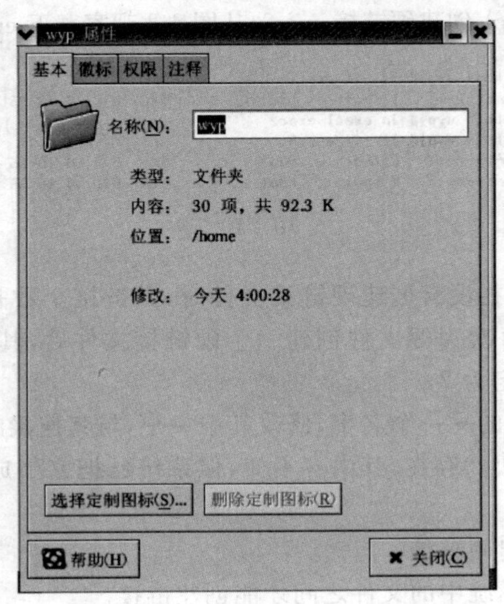

图 4-4

4.1.2 权限类型

Linux 系统将所有可设置权限的用户分成文件主(即文件拥有者)、同组用户和其他用户三种类别。每个文件和目录都有存取许可权限,用它来确定谁可以通过何种方式对文件和目录进行访问和操作,通过限制某些用户对文件的随意存取,来保证各用户文件的安全。文件和目录的存取权限有读(r)、写(w)和执行权(x)。

1. 文件的存取权限

读权限(r):表示允许指定用户显示或者复制文件内容。当用户要访问文件的内容时,需要读的权限。例如 cat、more 命令等。

写权限(w):表示允许指定用户打开并修改、移动和删除文件,例如命令 vi、cp 等。

执行权(x):表示允许指定用户执行该文件。

例如,如图 4-1 所示的 execl 文件,存取权限 rw-r--r--表示:文件的所有者拥有读写权限,而没有执行权限,同组用户和其他用户都只拥有文件的读权限,没有写和执行权限。这是创建文件的默认权限。

2. 目录的存取权限

读权限(r):表示可以列出存储在该目录下的文件,即读目录内容列表。这一权限的执行还必须有执行权限。

写权限(w):表示允许用户从目录中删除或添加新的文件,对目录和文件改名,但对该目录还必须有执行权限。

执行权(x):表示允许用户在目录中查找,并能用 cd 命令将工作目录改到该目录。

例如,如图 4-5 所示通过命令 mkdir 创建目录 b1,命令 ls 显示相应属性,其存取权限 rwxr-xr-x 表示:目录的所有者可以列目录、在目录中删除或添加新的文件、查找文件,同组用户和其他用户只可以列目录、查找文件,而没有在目录中删除或添加新文件的权限。这是创建目录的默认权限。

```
[root@localhost wyp]# mkdir b1
[root@localhost wyp]# ls -dl b1
drwxr-xr-x    2 root      root          4096 10月  10 00:12 b1
```

图 4-5

3. 特殊权限

除了一般权限以外,还有所谓的特殊权限。用户若无特殊需求,不要启用这些权限,避免出现安全漏洞。

特殊权限有如下几种。

(1) SUID(s):可执行的文件搭配这个权限便能得到特权,任意存取该文件的所有者使用的全部系统资源。

例如,查看文件/usr/bin/passwd 与/etc/passwd 权限,如图 4-6 所示。

```
[root@localhost wyp]# ls -l /usr/bin/passwd /etc/passwd
-rw-r--r--     1 root      root          1462  6月  4 10:28 /etc/passwd
-r-s--x--x     1 root      root         16336 2003-02-14  /usr/bin/passwd
```

图 4-6

/etc/passwd 文件存放的各个用户的账号与密码信息，/usr/bin/passwd 是执行修改和查看此文件的程序，但从权限上看，/etc/passwd 仅有 root 权限的写(w)权，可实际上每个用户都可以通过/usr/bin/passwd 命令去修改这个文件，这主要涉及了特殊权限 s。

(2) SGID(s)：设置在文件上面，其效果与 SUID 相同，只不过将文件所有者换成用户组了，该文件就可以任意存取整个用户组所能使用的系统资源。

(3) Stick(t)：/tmp 和/var/temp 目录供所有用户暂时存放文件，即每位用户皆拥有完整的权限进入该目录，去浏览、删除、移动文件。但任何人都拥有完全权限，导致用户设置的临时文件有被他人恶意修改的危险。因此，如果赋予文件 t 或 T 权限，则仅仅允许文件所有者进行修改。

特殊权限占用 x 的位置来表示，开启执行权限，用小写，结果如下：

-rwsr-sr-t 1 root root 4096 02-05 08:17 conf

关闭执行权限，则将字符相应变为大写，结果如下：

-rwSr-Sr-T 1 root root 4096 02-05 08:17 conf

4. 默认权限

当用户保存一个文件或创建一个目录时，系统自动地为文件或目录定义一个存取权限，称为默认存取权限。这个默认存取权限的具体值是系统隐含设置的，一般存放在 Shell 的起始文件".profile"或".cshrc"中。用户可以使用 umask 命令看到默认存取权限的当前值，例如：

```
[root@localhost wyp]# umask
0022
```

0022 是系统对 umask 命令的回答，它是 rwx 权限的八进制表示，其含义如表 4-2 所示。

表 4-2

权限值	含 义	权限值	含 义
0	读和写(包含目录)	4	写(包含目录)
1	读和写(不含目录)	5	写
2	读(包含目录)	6	执行
3	读	7	无存取权限

从表 4-2 中来看，022 表示用户对自己的文件或目录有读、写权限，同组用户和其他用户只有读权限。在系统具有 022 默认存取权限值的情况下，用户建立的文件或目录就具有 rw-r--r--的存取权限。

umask 命令用来设置默认存取权限，也可以指定哪些权限将在新文件的默认权限中被删除。umask 命令格式为

```
# umask [mode]
```

当命令 umask 不带参数时，只能查看当前默认存取权限值；使用参数可以重新设置默认存取值，例如：

```
[root@localhost wyp]# umask 077
```

默认存取权限值就变成了077。也就是说，此时再建立的文件或目录，用户自己具有读写权，而同组用户和其他用户无任何权限。077这个默认存取权限值非常有用，用户可以用来限制所有其他用户对自己的文件或目录的访问。

但是用户使用命令 umask 只能对默认存取权限值作临时改变，下一次再注册进入系统时，仍然是系统隐含设置的默认存取权限值。假如用户想永久改变默认存取值，就要修改 Shell 的起始文件“. profile”或“. cshrc”，在用户的 shell 起始文件中，将默认存取权限值相应的行改成用户想要的默认存取权限值。

4.1.3 权限优先级

目录权限的优先级要大于文件权限的优先级，父目录权限的优先级大于子目录权限的优先级，举个例子来说，系统中有用户名为 wyp 和 student 两个非 root 用户，则默认状态下在/home 中会有两个子目录 wyp 和 student 分别对应两个用户的主目录，因为默认情况下用户自己的主目录权限设置是仅该用户完全具有该目录所有权限，而同一组群和其他用户都不能访问该用户的主目录，所以即使 wyp 在自己的主目录中建立了一个文件（或文件夹）并设置对其他用户放开所有权限，该文件（或文件夹）也不可能被其他用户访问，因为主目录的权限优先。

4.2 设置文件系统的权限

Linux 系统中规定了四种不同类型的用户：文件主（即文件拥有者）、同组用户、可以访问系统的其他用户和超级用户（root）。超级用户具有管理系统的特权。

在 Linux 下，每个文件又同时属于一个用户组。当创建一个文件或目录时，系统会赋予它一个用户组关系，用户组的所有成员都可以使用此文件或目录。

一个用户可以和系统中的其他用户共用目录和文件，而且可以设置目录和文件的管理许可权，以便允许或拒绝其他人对其进行访问。同时文件目录结构的相互关联性使分享资料变得十分容易，几个用户可以访问同一个文件，因此允许用户设置文件的共享程序。

4.2.1 更改文件的所有者与所有组

用户除了可为文件或目录设置访问权限外，还可以更改文件或目录的主和组，即用户可将原来属于自己的文件或目录转给他人。

1. 更改文件和目录所属的主

chown 命令可用来改变文件和目录所属的主，下面介绍 chown 命令的基本使用。

格式一：chown [-R] <用户名> <文件/目录>

格式二：chown [-R] <用户名 :/. 组名> <文件/目录>

说明：格式一是将“文件/目录”指定的文件或目录的拥有者更改为“用户名”所指定的用户。格式二是将“文件/目录”指定的文件或目录的拥有者更改为“用户名”所指定的用户，且同时将文件或目录所属的组更改为“组名”所指定的组。用户名与组名之间用“:”或“.”分隔，也可以省略用户名，只给出所要更改的“组名”。

参数说明如下。

-R：将下级子目录下的所有文件和目录的所有权一起更改。

只有超级用户，才能改变该文件和目录的组。

例如，在“/home/wyp”下，有一文件“exec1”，文件的拥有者是“root”，文件所属的组是“root”，现要求将该文件的拥有者改为“wyp”（假设用户 wyp 存在，且所属的用户组为 wyp）。

```
[root@localhost wyp]# chown wyp exec1
```

例如，将文件“exec1”的用户组改为“wyp”。

```
[root@localhost wyp]# chown :wyp exec1
```

例如，将文件“exec1”的拥有者和用户组改为“root”。

```
[root@localhost wyp]# chown root.root exec1
```

例如，将“/home/wyp”目录下的目录“practice”连同下级目录“b”的拥有者和用户组一起更改为“wyp”。

```
[root@localhost wyp]# chown -R wyp.wyp practice
```

2. 更改文件和目录所属的组

如果要改变文件或目录所属的组，则也可用命令 chgrp 来实现。下面介绍 chgrp 命令的基本使用。

格式：

```
chgrp [ -R ] <组名> <文件/目录>
```

说明：将“文件/目录”指定的文件或目录所属的组更改为“组名”所指定的组。如果用户不是该文件的属主或超级用户，则不能改变该文件的组。

选项说明如下。

-R：递归式地改变指定目录及其下的所有子目录和文件所属的组。

例如，将“/home/wyp”下的文件“exec1”的拥有者和所属的组更改为“student”（假设用户 student 存在，且所属的用户组为 student）。

方法一：

```
[root@localhost wyp]# chown student exec1
[root@localhost wyp]#chgrp student exec1
```

方法二：

```
[root@localhost wyp]# chown student:student exec1
```

4.2.2 更改文件的权限方式

只有系统管理员和文件的所有者才可以更改文件权限，更改文件的权限方式一般有以下三种。

1. 文件管理器更改权限

右击要改变权限的文件或目录，在弹出的快捷菜单中选择“属性”选项，系统将打开文件或目录属性对话框。在“属性”对话框中，单击“权限”选项卡，在这里可以修改文件或目录的所有者、群组和其他用户的权限，具体设置如图 4-7 所示。

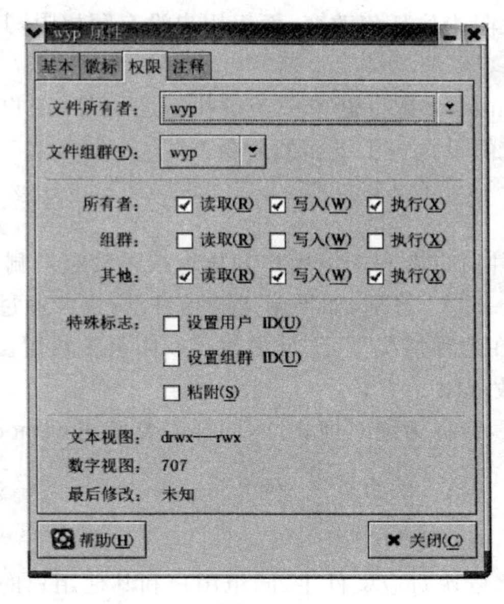

图 4-7

2. 以符号模式更改权限

以符号模式更改权限需要使用 chmod 命令，其 chmod 的命令格式如下。

```
chmod mode 文件或目录名
```

其中，mode 由操作对象、操作符和权限所组成，具体说明如下。

操作对象：要处理的用户类别，u 表示文件或目录的所有者；g 表示属组，即与文件属主有相同组 ID 的所有用户；o 表示其他用户；a 表示所有用户，它是系统默认值。

操作符：＋表示添加权限；－表示取消权限；＝表示赋予给定权限并取消原先权限。

权限：r 表示读；w 表示写；x 表示执行。

例如，要求文件 junk，除文件主具有读、写、执行权限外，其他所有用户只拥有读访问权限。以超级用户或文件主身份登录系统，在 Shell 提示符下，首先输入命令“ls -l junk”了解到 junk 具有权限 rw-rw-r--。

在 Shell 提示符下，输入命令“chmod u＋x，go＝r junk”。

例如，要求将文件 junk 的读、写、执行权限赋予所有用户。

在 Shell 提示符下，输入命令“chmod a＝rwx junk”。

例如，要求撤销文件 junk 对其他用户已开放的所有权限。

在 Shell 提示符下，输入命令“chmod o＝junk”。

例如，要求对文件 junk，删除所有者以外的所有用户的读访问权限。

在 Shell 提示符下，输入命令“chmod og-r junk”。

应当注意，在 chmod 命令和 umask 命令中，操作符“＝”的作用恰恰相反。在 chmod 利用它来设置指定的权限，而其余权限都被取消；但是在 umask 命令中，它将在原有权限的基础上把指定的权限删除。例如，在 Shell 提示符下，输入命令“umask u=，g=w，o=rwx”，取消了默认权限中组用户的写权限以及其他用户的读、写和执行权限。执行该命令以后，下面所建新文件的文件主权限未作任何改变，而组用户没有写权限，其他用户的所有权限都被取消。

另外，不能直接利用 umask 命令创建一个可执行的文件，用户只能在其后利用 chmod 命令使它具有执行权限。假设执行了下面的命令：

```
umask u= ,g=w,o=rwx
```

虽然在命令行中，文件所有者和同组用户的执行权限没有被删去，但默认的文件权限还是 rw-r-----，而不是 rwxr-x---。但是，如果创建的是目录，或者通过编译程序创建一个可执行文件，将不受此限制。在这种情况下，文件的执行权限会被设置。

3. 以八进制模式更改权限

八进制模式更改权限，也称为绝对模式法，同样需要使用 chmod 命令，其 chmod 的命令格式如下：

```
chmod nnn 文件或目录名
```

nnn 指三位八进制数，依次对应文件主、同组用户和其他用户的权限。三位数字中的每一位对应各权限之和，如下所示：

```
---        0
--x        1
-w-        2
-wx        3
r--        4
r-x        5
rw-        6
rwx        7
```

例如，若 nnn 的值为“754”，则对应的权限字符形式为“rwxr-xr--”，表示文件的用户主对文件拥有读、写和执行的权限；同组用户对该文件则拥有读和执行权限，但不拥有写的权限；其他用户对该文件则只拥有读的权限。

例如，要求文件 junk，除文件主具有读、写、执行权限外，其他所有用户只拥有读访问权限。

在 Shell 提示符下，输入命令“chmod 744 junk”。

例如，要求将文件 junk 的读、写、执行权限赋予所有用户。

在 Shell 提示符下，输入命令“chmod 777 junk”。

本章小结

本章首先介绍 Linux 文件与目录所具有的属性，并显示查看方法；其次介绍文件与目录的读、写、执行权限以及特殊、默认权限，这些访问权限决定了谁能访问，以及如何访问这些文件和目录，并规定文件与目录的权限优先级；最后重点介绍了如何更改文件的所有者与所属组，以及提出更改文件权限的两种方式。

习　题

1．确定文件的用户权限。在主目录中创建一个文件 dante。单击红帽子，单击“GNOME 帮助”→“附件”→“文本编辑器”命令，在文本编辑中输入适当内容并保存为 dante，并查看文件权限。要求：

（1）谁是 dante 文件的所有者？

（2）文件所有者权限符号是哪 3 个字符？请说明其文件的访问权限。

（3）与文件所有者同组用户的权限符号是什么？请说明其访问权限。

（4）其他用户的权限符号是什么？请说明其权限。

（5）主属组的成员能够重新命名这个文件吗？

2．创建/etc/fstab 文件的符号链接（即软链接）rr，写出相应的命令。查看 rr 文件属性，写出使用的命令及查询结果。从文件类型和权限角度对结果进行简要分析。

3．要求：

（1）查看当前系统的默认存取权限，请写出相应命令？

（2）现在默认权限下用 mkdir 命令创建一个名为 newdirperms 的新目录。使用什么命令和路径名？

（3）列出主目录中的内容，查看 newdirperms 的权限。使用什么命令和路径名？

（4）分配给这个目录的默认权限是什么？谁是所有者？谁是主属组？一个主属组的成员能够在这个目录中添加文件吗？

（5）现使用命令更改系统默认存取权限，若更改为 033，则使用什么命令？

（6）再创建一个新目录 renewdirperms，查看其权限发生什么变化？

（7）更改系统默认权限为初始状态。

4．要求：

（1）在 newdirperms 目录中，使用命令创建一个 symfile 的新文件，写出其相应的命令？

（2）查看 symfile 文件的默认权限，用户、属组和其他的权限是什么？

（3）决定不想让其他用户（除了自己和属组成员之外）查看 symfile 的内容和拷贝 symfile。使用 chmod 命令，在符号模式下，删除其他用户对于文件 symfile 的读权限。使用什么命令？

（4）如果想只使用一个命令删除属组和其他类别的读权限，使用什么命令？

5．要求：

（1）根据 newdirperms 目录权限，除了自己或者属组成员以外的其他用户能够从 newdirperms 目录中拷贝文件吗？为什么能或者为什么不能？

（2）不想让其他用户从 newdirperms 目录中拷贝文件。改变到主目录中，使用 chmod 命令，在符号模式下，要删除其他类别用户对于目录 newdirperms 的读和执行权限，应使用什么命令？

6．要求：

（1）在 newdirperms 目录中，使用命令创建一个 octfile 的新文件。使用什么命令创建文件？

（2）使用 ls -l 命令来确定 octfile 的权限。这些是文件的默认权限。什么是用户、属组和其他的数字权限？

（3）与这个文件的用户、属组和其他权限等同的八进制模式是什么？

（4）决定不想让其他用户能够查看或者拷贝 octfile 文件的内容。使用 chmod 命令，在八进制模式下，删除其他用户对于 octfile 的 r(读)权限。使用什么命令？

（5）如果想只使用一个命令，删除属组和其他类别的所有权限，使用什么命令？

7. 在 newdirperms 目录中，使用 vi 编辑器创建一个简单的文本脚本文件 myscript，按下 i 进入插入模式，以小写文本输入下面的命令。在每行后按 Enter 键。

```
echo "hello!"
```

按下 Esc 键，返回命令模式，然后输入一个冒号，进入指令行模式。输入 wq 来写入(保存)文件，然后退出 vi。现要求：

（1）列出文件，确定它的权限。它们是什么？

（2）把当前目录转换到 newdirperms 目录，输入“./myscript”，就像它是一个命令，然后按下 Enter 键，命令的响应是什么？为什么它不执行？

（3）修改 myscript，使所有者可以执行或运行文件，使用八进制模式怎么修改权限？

（4）列出文件，检查修改的权限。用户(所有者)现在的权限是什么？

（5）再次把 myscript 作为一个命令输入，然后按下 Enter 键。命令的响应是什么？

8. 要求：

（1）查看 newdirperms 目录所拥有的所有者和所属组。

（2）使用 chown 命令更改目录的所有者和所属组。

（3）再用 chgrp 命令更改到初始的所有者和所属组。

第5章 常用文件内容的查看工具

在 Linux 系统中，常用文件内容的查看工具，比如 cat、more、less、head、tail 等，把这些工具最常用的参数、操作进行简单的介绍。

5.1 cat 显示文件连接文件内容的工具

Linux 的 cat 命令用来读取短文件非常方便，如果一个文件非常大的时候，用页命令是比较方便的。下面是 Linux 的 cat 命令的实际应用。cat 是一个文本文件查看和连接工具。

cat 语法结构如下：

```
cat [选项] [文件]
```

选项说明如下。

-A，--show-all 等价于-vET。

-b，--number-nonblank 对非空输出行编号。

-e 等价于-vE。

-E，--show-ends 在每行结束处显示 $ 。

-n，--number 对输出的所有行编号。

-s，--squeeze-blank 不输出多行空行。

-t 与-vT 等价。

-T，--show-tabs 将跳格字符显示为 ^I。

-u(被忽略)。

-v，--show-nonprinting 使用 ^和 M-引用，除了 LFD 和 TAB 之外。

--help 显示此帮助信息并离开。

cat 查看文件内容实例如下。

```
[root@localhost ~]# cat /etc/profile
```

注：查看/etc/目录下的 profile 文件内容。

```
[root@localhost ~]# cat - b /etc/fstab
```

注：查看/etc/目录下的 profile 内容，并且对非空白行进行编号，行号从 1 开始。

```
[root@localhost ~]# cat - n /etc/profile
```

注：对/etc 目录中的 profile 的所有的行(包括空白行)进行编号输出显示。

```
[root@localhost ~]# cat? -E /etc/profile
```

注：查看/etc/下的 profile 内容，并且在每行的结尾处附加 $ 符号。

cat 加参数-n 和 nl 工具差不多，文件内容输出的同时，都会在每行前面加上行号。

```
[root@localhost ~]# cat -n /etc/profile
[root@localhost ~]# nl /etc/profile
```

cat 可以同时显示多个文件的内容，比如可以在一个 cat 命令上同时显示两个文件的内容。

```
[root@localhost ~]# cat /etc/fstab /etc/profile
```

cat 对于内容极大的文件来说，可以通过管道|传送到 more 工具，然后一页一页地查看。

```
[root@localhost ~]# cat /etc/fstab /etc/profile | more
```

cat 的创建、连接文件功能实例如下。

(1) cat 有创建文件的功能，创建文件后，要以 EOF 或 STOP 结束。

```
[root@localhost ~]# cat > linuxsir.org.txt << EOF
```

注：创建 linuxsir.org.txt 文件。

(2) cat 连接多个文件的内容并且输出到一个新文件中。

假设有 sir01.txt、sir02.tx 和 sir03.txt，并且内容如下。

```
[root@localhost ~]# cat sir01.txt
123456
i am testing
[root@localhost ~]# cat sir02.txt
56789
BeiNan Tested
[root@localhost ~]# cat sir03.txt
09876
linuxsir.org testing
```

通过 cat 把 sir01.txt、sir02.txt 及 sir03.txt 三个文件连接在一起(也就是说把这三个文件的内容都接在一起)并输出到一个新的文件 sir04.txt 中。

注意，其原理是把三个文件的内容连接起来，然后创建 sir04.txt 文件，并且把几个文件的内容同时写入 sir04.txt 中。特别值得一提的是，如果输入到一个已经存在的 sir04.txt 文件，会把 sir04.txt 内容清空。操作如下。

```
[root@localhost ~]# cat sir01.txt sir02.txt sir03.txt > sir04.txt
[root@localhost ~]# more sir04.txt
123456
i am testing
56789
BeiNan Tested
09876
linuxsir.org testing
```

(3) cat 把一个或多个已存在的文件内容,追加到一个已存在的文件中。

```
[root@localhost ~]# cat sir00.txt
linuxsir.org forever
[root@localhost ~]# cat sir01.txt sir02.txt sir03.txt >> sir00.txt
[root@localhost ~]# cat sir00.txt
linuxsir.org forever
123456
i am testing
56789
BeiNan Tested
09876
linuxsir.org testing
```

注意:要知道"＞"意思是创建,"＞＞"是追加。千万不要弄混了。

5.2 more 文件内容或输出查看工具

more 是最常用的工具之一,最常用的就是显示输出的内容,然后根据窗口的大小进行分页显示,然后还能提示文件的百分比。

```
[root@localhost ~]# more /etc/profile
```

more 的语法格式如下:

more [参数选项] [文件]

参数如下:

+num 从第 num 行开始显示;

-num 定义屏幕大小为 num 行;

+/pattern 从 pattern 前两行开始显示;

-c 从顶部清屏然后显示;

-d 提示 Press space to continue,'q'to quit.(按空格键继续,按 q 键退出),禁用响铃功能;

-l 忽略 Ctrl+l (换页)字符;

-p 通过清除窗口而不是滚屏来对文件进行换页,和-c 参数有点相似;

-s 把连续的多个空行显示为一行;

-u 把文件内容中的下划线去掉。

more 的参数应用举例如下。

```
[root@localhost ~]# more -dc /etc/profile
```

注:显示提示,并从终端或控制台顶部显示。

```
[root@localhost ~]# more +4 /etc/profile
```

注:从 profile 的第 4 行开始显示。

```
[root@localhost ~]# more -4 /etc/profile
```

注：每屏显示4行。

```
[root@localhost ~]# more +/MAIL /etc/profile
```

注：从 profile 中的第一个 MAIL 单词的前两行开始显示。

查看一个内容较大的文件时，要用到 more 的动作指令，比如 Ctrl＋f(或空格键) 是向下显示一屏，Ctrl＋b 是返回上一屏；Enter 键可以向下滚动显示 n 行，要通过定义，默认为1行。

more 的动作指令如下。

只介绍几个常用的指令，其余的读者自行尝试。

Enter 向下 n 行，需要定义，默认为 1 行。

Ctrl＋f 向下滚动一屏。

空格键向下滚动一屏。

Ctrl＋b 返回上一屏。

＝输出当前行的行号。

:f 输出文件名和当前行的行号。

v 调用 vi 编辑器。

！ 命令调用 Shell，并执行命令。

q 退出 more。

当查看某一文件时，想调用 vi 来编辑它，不要忘记了 v 动作指令，这是比较方便的。

其他命令通过管道和 more 结合的运用实例如下。

比如列一个目录下的文件，由于内容太多，应该学会用 more 来分页显示。这得和管道 | 结合起来，命令如下：

```
[root@localhost ~]# ls -l /etc |more
```

5.3 less 查看文件内容工具

less 工具也是对文件或其他输出进行分页显示的工具，应该说是 Linux 正统查看文件内容的工具，功能极其强大。如果是初学者，建议用 less。由于 less 的内容太多，把最常用的介绍一下。

less 的语法格式：

```
less [参数] 文件
```

常用参数说明如下。

-c 从顶部(从上到下)刷新屏幕，并显示文件内容。而不是通过底部滚动完成刷新；

-f 强制打开文件，二进制文件显示时，不提示警告；

-i 搜索时忽略大小写，除非搜索串中包含大写字母；

-I 搜索时忽略大小写，除非搜索串中包含小写字母；

-m 显示读取文件的百分比；

-M 显法读取文件的百分比、行号及总行数；

-N 在每行前输出行号；

-p pattern 搜索 pattern；比如在/etc/profile 搜索单词 MAIL，就用 less -p MAIL /etc/profile；

-s 把连续多个空白行作为一个空白行显示；

-Q 在终端下不响铃。

比如，在显示/etc/profile 的内容时，让其显示行号。

```
[root@localhost ~]# less -N /etc/profile
```

进入 less 后，得学几个动作，这样更方便查阅文件内容。最应该记住的命令就是 q，这个能让 less 终止查看文件退出。

less 的动作命令如下：

Enter 键向下移动一行；

y 向上移动一行；

空格键向下滚动一屏；

b 向上滚动一屏；

d 向下滚动半屏；

h less 的帮助；

u 向上滚动半屏；

w 可以指定从哪行开始显示，是从指定数字的下一行显示；比如指定的是 6，那就从第 7 行显示；

g 跳到第一行；

G 跳到最后一行；

p n% 跳到 n%，比如 10%，也就是说从整个文件内容的 10%处开始显示；

/pattern 搜索 pattern，比如 /MAIL 表示在文件中搜索 MAIL 单词；

v 调用 vi 编辑器；

q 退出 less。

!command 调用 Shell，可以运行命令，比如!ls 显示当前列当前目录下的所有文件。

就 less 的动作来说，内容太多了，用的时候查一查 man less 是最好的。在这里就不举例子了。

5.4 head 显示文件内容的前几行

head 是显示一个文件的内容的前多少行。

用法比较简单，格式如下：

```
head -n 行数值 文件名
```

比如，显示/etc/profile 的前 10 行内容，命令如下：

```
[root@localhost ~]# head -n 10 /etc/profile
```

5.5 tail 显示文件内容的最后几行

tail 是显示一个文件的内容的最后多少行。

用法比较简单，格式如下：

```
tail -n 行数值 文件名
```

比如，显示/etc/profile 的最后 5 行内容，命令如下：

```
[root@localhost ~]# tail -n 5 /etc/profile
```

本章小结

在本章中，简单介绍了常用文件内容的查看工具 cat、more、less、head、tail。

习　　题

1. cat 主要的三大功能是什么？
2. 举例 cat 命令修改文件内容的方法。
3. 如何显示文件中从第 3 行开始的内容？
4. 如何从文件中查找第一个出现“day3”字符串的行，并从该处前两行开始显示输出？
5. 如何设定每屏显示行数？
6. 列一个目录下的文件，由于内容太多，如何用 more 和管道结合起来来分页显示。

第6章 Shell 编程

6.1 简介 Shell 概念

Linux Shell 是一个命令解释器,用来接受并执行命令(包括运行批处理文件和执行程序)。Shell 环绕在内核的外层,它是 Linux 操作系统和用户之间的界面。当用户从 Shell 或其他程序向 Linux 传递命令时,内核会做出相应的反应。

在命令行输入命令时,每次输入一个命令,就可得到系统的响应。但如果经常要依次执行同一组命令,就可以利用 Shell 程序来实现。Shell 程序是放在一个文件中的一系列的 Linux 命令。执行 Shell 程序时,由 Linux 逐条解释和执行每个命令。

Linux 中有好多种不同的 Shell。目前,流行的 Shell 有 ash、bash、ksh、tcsh 和 zsh 等。这里,将介绍 Linux 下最常用的 Shell —— bash。bash(Bourne Again Shell)是大多数 Linux 发行套件的缺省 Shell,并被大多数用户所使用。

在 Linux 系统中的 bash 具有以下功能:

(1) 兼容 Bourne Shell(sh);

(2) 包含 C Shell 以及 Korn Shell 中最好的功能;

(3) 具有命令列编写修改的能力;

(4) 具有工作控制的能力,可控制前台和后台程序;

(5) 具有 Shell 编程能力。

1. 命令提示符

不同的 Shell 拥有其各自的命令提示符,一般是在用户当前目录加上 $、%、# 或>符号。例如:

```
[wyp @localhost wyp] $
```

提示符主要告诉用户现在可以下达命令,同时也表示先前下达的命令已经完成,或是已经被放到后台执行。提示符可自行设置,不同的 Shell 其所默认的提示符,如表 6-1 所示。

表 6-1

Shell	提示符
ash	$
bash	[wyp @localhost wyp] $
bsh	$
tcsh	[wyp @ localhost ~] $
sh	Sh-2.05b $

2. 查看默认的 Shell 类型

用户要查看登录系统时所默认的 Shell，可以使用 echo 命令来查看。

方法一：

```
[wyp@local wyp] $ echo $SHELL
/bin/bash
```

方法二：

```
[wyp@local wyp] $ echo ${SHELL}
/bin/bash
```

说明：当前用的 Shell 是 bash。

$SHELL 是一个环境变量，它记录用户所使用的 Shell 类型。

另外，执行 finger 命令查询用户数据，也能看出该用户默认的 Shell，如图 6-1 所示。

```
[root@localhost root]# finger -l wyp
Login: wyp                              Name: wu yueping
Directory: /home/wyp                    Shell: /bin/bash
Last login Mon Jun  4 09:46 (CST) on :0
No mail.
No Plan.
```

图 6-1

3. 更换 Shell

不同的 Shell 有不一样的特性，用户有时候希望按自己的习惯使用其他 Shell，最简单的办法就是直接输入该 Shell 的名称执行。若要回到登录系统时的 Shell，则执行 exit 命令。

首先查看当前系统所有可用的 Shell 类型，方法如下。

方法一：

```
[wyp@local wyp] $ chsh -l
```

方法二：

```
[wyp@local wyp] $ cat /etc/shells
/bin/sh
/bin/bash
/sbin/nologin
/bin/bash2
/bin/ash
/bin/bsh
/bin/tcsh
/bin/csh
```

其次更换 Shell。

```
wyp@local wyp] $ ash                    #输入 ash，进入 ash
$ tcsh                                  #输入 tcsh，进入 tcsh
[wyp@local ~] $ sh                      #输入 sh，进入 sh
Sh-2.05b $ bsh                          #输入 bsh，进入 bsh
$ bash                                  #输入 bash，进入 bash
[wyp@local wyp] $ exit                  #退出 bash，回到 bsh
```

```
$ exit                                  # 退出 bsh,回到 sh
Sh-2.05b$ exit                          # 退出 sh,回到 tcsh
[wyp@local ~]$ exit                     # 退出 tcsh,回到 ash
$ exit                                  # 退出 ash,回到 bash
[wyp@local wyp]$                        # 已经回到初始的 Shell
```

上述方法只能临时改变环境,一旦退出系统之后,下次登录时又将变回默认的 Shell。如果用户希望更换默认环境,可以使用 chsh 命令,其用法如下:

```
chsh -s shell-name
```

例如,将默认的 Shell 改为 tcsh,步骤如下:

```
[wyp@local wyp]$ which tcsh             # 找到 tcsh 所在的路径
/bin/tcsh
[wyp@local wyp]$ chsh                   # 变更 Shell
Changing Shell for wyp
Password:                               # 输入该账号的密码
New Shell[/bin/bash]:/bin/tcsh          # 输入 tcsh 的完整路径
Shell changed.
```

然后用户必须退出系统再重新登录,就会启动新指定的 Shell 了。

6.2 bash 基础知识

6.2.1 bash 的命令格式

bash 命令解释程序包含了一些内部命令。内部命令在目录列表是看不见的,它们由 Shell 本身提供。常见的内部命令有:echo、eval、exec、export、readonly、read、shift、wait、exit 和"."(点)。下面简单介绍其命令格式和功能。

1. echo

命令格式:echo [-neE][arg …]

功能:在屏幕上显示出由 arg 指定的字符串,显示多个信息时要用空格隔开。

参数说明如下。

-n:在显示信息时不自动换行(默认为自动换行)。

-e:显示信息时使用跳脱(Escape)字符,用来指示其后的字符串是格式化选项,而不会当成一般文字输出。

-E:显示信息时不使用跳脱(Escape)字符。

2. eval

命令格式:eval args

功能:当 Shell 程序执行到 eval 语句时,Shell 读入参数 args,并将它们组合成一个新的命令,然后执行。

3. exec

命令格式:exec 命令参数

功能:当 Shell 执行到 exec 语句时,不会去创建新的子进程,而是转去执行指定的命令，当指定的命令执行完时，该进程（也就是最初的 Shell）就终止了，所以 Shell 程序中 exec 后面的语句将不再被执行。

4. export

命令格式：export 变量名或 export 变量名＝变量值

功能：Shell 可以用 export 把它的变量向下带入子 Shell，从而让子进程继承父进程中的环境变量。但子 Shell 不能用 export 把它的变量向上带入父 Shell。

注意：不带任何变量名的 export 语句将显示出当前所有的 export 变量。

5. readonly

命令格式：readonly 变量名

功能：将一个用户定义的 Shell 变量标识为不可变。不带任何参数的 readonly 命令将显示出所有只读的 Shell 变量。

6. read

命令格式：read 变量名表

功能：从标准输入设备读入一行，分解成若干字，赋值给 Shell 程序内部定义的变量。

例如，要求提示使用者 30 秒内输入自己的名字，并将该输入字串赋予 named 变量，命令如下：

```
read -p "please key in your name:" -t 30 named
```

其中，参数-p 指提示语句，-t 指等待输入时间，另还有参数-n 指不换行，-s 不回显，-n 数值指限定输入的字符个数。

7. shift

功能：shift 语句按如下方式重新命名所有的位置参数变量，即 $2 成为 $1，$3 成为 $2…在程序中每使用一次 shift 语句，都使所有的位置参数依次向左移动一个位置，并使位置参数 $# 减 1，直到减到 0 为止。

8. wait

功能：使 Shell 等待在后台启动的所有子进程结束。wait 的返回值总是真。

9. exit

功能：退出 Shell 程序。在 exit 之后可有选择地指定一个数位作为返回状态。

10. “.”（点）

命令格式：. Shell 程序文件名

功能：使 Shell 读入指定的 Shell 程序文件并依次执行文件中的所有语句。

6.2.2 使用 Tab 键简化操作

在 bash 命令提示符下输入命令、程序名或路径时，不必输全，只需按下 Tab 键，bash 将自动补全命令、程序名或路径，且命令和程序名比路径有更高的优先权。当需要输入更多的字符时，用户可以再次按下 Tab 键，重复这个过程直至期望的命令出现。若找不到匹配的内容，则会发出蜂鸣声来提醒。

例如，使用 clear 命令时，用户可以只输入：

```
[wyp@local wyp] $ cle
```

按 Tab 键,系统自动补全命令。

```
[wyp@local wyp] $ clear
```

但是,有时会有多个命令有相同的开头,此时系统将列出相应的全部命令供用户选择。例如,当用户输入:

```
[wyp@local wyp] $ cl
cleanlinks clear clock clockdiff
[wyp@local wyp] $ cl
```

此时,“cl”打头的全部命令都列出来了,由于“cle”打头的命令只有一个,用户只需再输入一个“e”后,按 Tab 键,系统就会自动补全命令。

```
[wyp@local wyp] $ clear
```

6.2.3 历史命令

bash 能够自动跟踪用户每次输入的命令,并把输入的命令保存在历史列表缓冲区中。当用户输入命令的时候,可以利用一些基本按键帮助用户编辑命令行。

↑:显示上一个命令。

↓:显示下一个命令。

←:光标向左移动。

→:光标向右移动。

←Backspace:向左闪出一个字符。

例如,用户依次执行下列命令:

```
wyp@local wyp] $  echo  $ SHELL
/bin/bash
[wyp@local wyp] $ mkdir /mnt/usb
[wyp@local wyp] $ mout /dev/sdb /mnt/usb
[wyp@local wyp] $  ls  - l /mnt/usb
[wyp@local wyp] $ umount /dev/sdb
[wyp@local wyp] $
```

各命令表示,用户首先查看当前系统所默认的 Shell 类型,然后在“mnt”目录下新建“usb”文件,将 U 盘挂载到“/mnt/usb”,并显示其目录下的详细信息,最后卸载 U 盘。若用户想继续挂载其他 U 盘,将 U 盘插入 USB 接口后,连续使用↑键“显示上一个命令”,直到屏幕上出现下列命令:

```
[wyp@local wyp] $ mout /dev/sdb /mnt/usb
```

按 Enter 键,则再次将 U 盘挂载到“/mnt/usb”。

使用上下键不仅可以切换此次登录后所执行过的命令,还能够记住用户以前登录时所执行过的命令。这些命令历程都记录在用户主目录下的“. bash_history”文件内,使用文本编辑器可以打开这个文件,另使用命令 history 也可在终端查看历史命令,命令显示如下:

```
[wyp@local wyp] $ history
```

```
…
…
45 [wyp@local wyp] $  echo $ SHELL
46 [wyp@local wyp] $ mkdir /mnt/usb
47 [wyp@local wyp] $ mout /dev/sdb /mnt/usb
48 [wyp@local wyp] $  ls -l /mnt/usb
49 [wyp@local wyp] $ umount /dev/sdb
50 history
[wyp@local wyp] $  !47
```

执行编号为 47 的命令，即将 U 盘挂载到"/mnt/usb"。

除了直接指定编号之外，也可根据"减法"原则执行：

```
[wyp@local wyp] $  ! - 2
```

由于当前要输入的命令在命令历程中编号为 51，51－2＝49，所以此命令相当于执行编号 49 的命令。

6.3 更多 bash 的使用技巧

6.3.1 变量

Linux 的 bash Shell 程序中允许使用各种类型的变量，主要有系统、内部和用户变量三种。

系统变量也称环境变量，它与用户变量的区别在于它可将值传给 Shell 运行的其他命令或 Shell 程序使用，亦即系统变量是全局变量。

内部变量是由系统提供，与环境变量不同，用户不能修改。

用户变量由用户定义的变量，是当前 Shell 的局部变量，不能被 Shell 运行的其他命令或 Shell 程序使用，亦即用户在 Shell 程序中定义的程序变量只在程序运行时有效，一旦退出，这些变量自动失效。

通过 Shell 提供的命令 set，可以查看当前 Shell 下定义的一系列变量及其值。例如，在 Shell 提示符下，输入命令"set|more"，显示当前 Shell 下定义的变量及其值，如图 6-2 所示。

```
[root@localhost /root]# set | more
BASH=/bin/bash
BASH_VERSION=1.14.7(1)
BROWSER=/usr/bin/netscape
COLORFGBG=0;default;15
COLORTERM=rxvt-xpm
COLUMNS=80
DISPLAY=:0.0
ENV=/root/.bashrc
EUID=0
HISTFILE=/root/.bash_history
HISTFILESIZE=1000
HISTSIZE=1000
HOME=/root
HOSTDISPLAY=localhost.localdomain:0.0
HOSTNAME=localhost.localdomain
HOSTTYPE=i386
IFS=

LINES=26
LOGNAME=root
MAIL=/var/spool/mail/root
MAILCHECK=60
OPTERR=1
OPTIND=1
--More--
```

图 6-2

1. 环境变量

Linux是一个多用户的操作系统。每个用户登录系统后,都会有一个专用的运行环境。通常每个用户默认的环境都是相同的,这个默认环境实际上就是一组环境变量的定义。用户可以对自己的运行环境进行定制,其方法就是修改相应的系统环境变量,用户也可以重新定义这些变量。对 bash Shell 来说,默认的全局性系统环境变量是在文件"/etc/profile"中定义的,而一些定制的设置可以在用户子目录中的文件". bashrc"中找到。

常见的环境变量有如下几种。

(1) HOME:用于保存当前用户主目录。

例如,查看用户 wyp 的主目录。

```
[wyp@local root]$ echo $HOME
/home/wyp
```

例如,查看用户 wyp 的当前目录。

```
[wyp@local root]$ pwd
/root
[wyp@local root] cd
[wyp@local root]$ pwd
/home/wyp
```

使用不带参数的 cd 命令,可使当前目录返回到主目录。

(2) PATH:用于保存用冒号分隔的目录路径名,Shell 将按 PATH 变量中给出的顺序搜索,找到的第一个与命令名称一致的可执行文件将被执行。

例如:

```
[wyp@local root]$ echo $PATH
/usr/local/sbin:/usr/local/bin:/sbin:/bin:/usr/sbin:/usr/bin:/usr/X11R6/bin:/root/bin
```

如果用户希望向 PATH 中添加目录,就可以在设置 PATH 为一个新值时引用 PATH 变量的旧值。

例如,将用户的主目录中的 bin 目录(~/bin)添加到当前 PATH 的末尾。

```
[wyp@local root]$ PATH=$PATH:~/bin
[wyp@local root]$ echo $PATH
/usr/local/sbin:/usr/local/bin:/sbin:/bin:/usr/sbin:/usr/bin:/usr/X11R6/bin:/root/bin:
  /home/wyp/bin
```

(3) MAIL:是指当前用户的邮件存放目录。用户的邮件通常就是该用户的 mailbox,通常是/var/mail/name,其中 name 是用户名。

(4) SHELL:是指当前用户用的是哪种 Shell。

(5) HISTSIZE:是指保存历史命令记录的条数。

(6) LOGNAME:是指当前用户的登录名。

(7) HOSTNAME:是指主机的名称,许多应用程序如果要用到主机名,通常是从这个环境变量中来取得的。

(8) LANG/LANGUGE:是和语言相关的环境变量,使用多种语言的用户可以修改此环境变量。

(9) PS1：保存 Shell 用来提示用户输入命令的提示字符串，默认对于 root 用户是#，对于普通用户是$。

查看当前系统的提示符设置：

```
[wyp@local root]$ echo $PS1
[\u@\h \w]\$
```

其中，\u 为当前用户的用户名；\h 为计算机的主机名，不包括域名；\w 为工作目录的基名。

也可以通过赋值语句更改提示字符串，例如：

```
[wyp@local root]$ PS1='\@ \u $'
11:43 下午 wyp $
```

此提示符改为时间和用户名。

(10) PS2：是附属提示符，默认是">"。

例如，echo 后面有一个末尾没有双引号的引用字符串。Shell 会假设这行命令没有结束，并在第 2 行给出了默认的辅助提示符(>)，该提示符用来提示用户继续输入命令行。Shell 将一直等待直到它接收到另一个双引号将字符串引起来，然后 Shell 才执行这条命令。

```
[wyp@local root]$ echo "demonstration of prompt string
> 2"
demonstration of prompt string
2
```

也可以通过修改此环境变量 PS2 来修改当前的命令符。例如：

```
[wyp@local root]$ PS2="<"
[wyp@local root]$ echo "demonstration of prompt string
< 2"
demonstration of prompt string
2
```

2. 用户变量

用户命名并赋值的 Shell 变量称为用户创建的变量。用户可以随时修改用户创建的变量的值，或者将其设置为只读，这样它们的值就不会发生改变。还可以将用户创建的变量变成全局变量。全局变量可以被任何 Shell 和从最初 Shell 派生的其他程序访问。

用户定义的变量，其变量名由字母、数字及下划线组成，且必须以字母或下划线开头，而不能是数字。因此 A76、MY_CAT 和___X___都是合法的变量名，而 69TH_STREET 就不是合法的变量名。

1）变量赋值

格式：<变量名>=<字符串>

功能：将等号右边的字符串赋给等号左边的变量，即右边的字符串为左边变量的值。

说明：等号(=)的两边不能放空格；若字符串中含有空格，则在字符串上加上双引号。

例如，要求定义一个用户变量 name1，并给变量赋值为"MARY"，则在 Shell 提示符下，输入命令“name1＝MARY”。

例如，要求定义一个用户变量 name2 并给变量赋值为“X Window”，则在 Shell 提示符下，输入命令“name2＝"X Window"”。若在 Shell 提示符下，输入命令“name2＝X Window”，执行后，窗口显示：“bash：window：command not found”。

2）引用变量

格式：$＜变量名＞

功能：引用变量的值。

例如，要求将变量 name1 的值赋给变量 name2，则在 Shell 提示符下，输入命令“name2＝$name1”。

例如，要求在屏幕上显示变量 name1 的值，则在 Shell 提示符下，输入命令“echo $name1”，则窗口显示“MARY”。

如果将前面的 $ 用单引号引起来或用反斜杠\引出，就可以阻止 Shell 替换变量的值。但使用双引号不能阻止替换。

例如，在 Shell 提示符下，输入命令“echo '$name1'”，则窗口显示“$name1”；在 Shell 提示符下，输入命令“echo \$name1”，则窗口显示同上。在 Shell 提示符下，输入命令“echo "$name1"”，则窗口显示“MARY”。

对于未赋值的变量，bash 以空值对待。例如下例，变量 SATurday 并没有设置值，默认情况显示空字符串。

例如：

```
[wyp@local wyp]$ SAT=Satur
[wyp@local wyp]$ WAY=$SATurday
[wyp@local wyp]$ echo $WAY

[wyp@local wyp]$
```

若将上例第二行命令中的变量 SAT 加上{}，再显示变量 WAY 的设置值，则将变量和其他字符组成新的字符串。如下例：

```
[wyp@local wyp]$ WAY=${SAT}urday
[wyp@local wyp]$ echo $WAY
Saturday
[wyp@local wyp]$
```

3）释放变量

格式：unset ＜变量名＞

功能：释放一个现存的 Shell 变量。

除非变量被删除，否则它将一直存在于创建它的 Shell 中。使用值 null 可以将变量的值删除，但不删除该变量，例如：

```
[wyp@local wyp]$ SAT=
[wyp@local wyp]$ echo $SAT

[wyp@local wyp]$
```

现要求释放变量 SAT,则在 Shell 提示符下,输入命令“unset SAT”。

4）变量属性

(1) readonly：使变量值不可变更。

可以使用内置命令 readonly 确保某个变量的值不改变。故在将变量声明为只读之前,必须为该变量赋值,在声明之后,就再不能改变它的值了。如果尝试删除或改变只读变量的值,Shell 将显示一条错误消息。例如：

```
[wyp@local wyp] $ person = zach
[wyp@local wyp] $ echo $ person
zach
[wyp@local wyp] $  readonly person
[wyp@local wyp] $  person = Helen
Bash: person: readonly variable
```

(2) export：使变量更改为全局变量。

在任何时候创建的变量都只是当前 Shell 的局部变量,所以不能被 Shell 运行的其他命令或 Shell 程序所利用,而 export 命令可以将一个局部变量提供给 Shell 命令使用,其格式如下：

```
export 变量名
```

也可以在给变量赋值的同时使用 export 命令,格式如下：

```
export 变量名 = 变量值
```

使用 export 说明的变量在 Shell 以后运行的所有命令或程序中都可以访问到。

(3) declare 和 typeset：为变量赋予属性。

内置命令 declare 和 typeset 是同一个命令的两个名称,可用来设置 Shell 变量的属性和值。表 6-2 列出了 5 种属性。

表 6-2

属性	含 义
-a	声明一个数组变量
-f	声明一个函数名变量
-i	声明一个整形变量
-r	声明变量为只读,也可用 readonly
-x	输出变量(设置为全局变量),也可用 export

下面的命令声明了几个变量并设置了一些属性,首先声明了变量 person1 并赋值为“max”,这行命令带不带关键字 declare,效果都一样。内置命令 readonly 和 export 分别与命令 declare -r 和 declare -x 同义,故 person2 是一个只读变量,person3 不仅是只读变量且还是全局变量,person4 也可用于所有 Shell,在赋值之前,该变量的值为空。例如：

```
[wyp@local wyp] $ declare person1 = max
[wyp@local wyp] $ declare - r person2 = zach
[wyp@local wyp] $ declare - rx person3 = helen
[wyp@local wyp] $ declare - x person4
```

declare 的选项顺序可以任意，例如，person3 的声明等价于：

```
[wyp@local wyp] $ declare - x - r person3 = Helen
```

将该命令行的连字符"－"换成字符"＋"，可以为变量删除某个属性。但是用户不能删除只读属性。通过下面的命令，变量 person3 不再是全局变量，但是仍然是只读的。

```
[wyp@local wyp] $ declare + x person3
```

3. 内部变量

内部变量即为预定义变量，它与环境变量相类似，也是在 Shell 一开始时就定义了的变量。不同的是，用户只能根据 Shell 的定义来使用这些变量，而不能重新定义它。所以预定义变量都是由 $ 符号和另一个符号组成的，常用的 Shell 预定义变量有如下几种。

(1) $#：位置参数的数量。

(2) $*：所有位置参数的内容。

(3) $?：命令执行后返回的状态。

(4) $$：当前进程的进程号。

(5) $!：后台运行的最后一个进程号。

(6) $0：当前执行的进程名。

6.3.2 高级应用

在将命令行传递给被调用的程序之前，交互式 Shell 和非交互式 Shell 均使用命令行扩展改变命令行。在不太了解命令行扩展的情况下也可以使用 Shell，但是当理解这部分主题之后，就可更充分地利用 Shell 的优势。接下来介绍 bash 中的命令行扩展。但注意双引号和单引号将使 Shell 在进行扩展时表现出不同的行为。双引号允许参数和变量扩展，但是抑制其他类型的扩展；单引号则抑制所有的扩展。

1. 花括号

花括号扩展在交互式 Shell 和非交互式 Shell 中都是默认开启，可以使用命令"set＋o braceexpand"关闭它。Shell 还使用花括号来分隔变量名。花括号用来匹配一组用逗号分隔的字符串中的任一个。左花括号之前的所有字符称为前文(preamble)，右花括号之后的所有字符称为后文(preamble)。前文和后文都是可选的。花括号中不能包含不加引号的空白符。

特别当有较长的前文或后文时，花括号扩展很有用。下面的示例将位于目录/usr/local/src/c 中的 4 个文件 main.c、f1.c、f2.c 和 tmp.c 复制到工作目录下。

```
[wyp@local wyp] $ cp /usr/local/src/c{main,f1,f2,tmp}.c .
```

再例如，可以通过花括号扩展创建名称相关的目录。

```
[wyp@local wyp] $ ls -F
file1 file2 file3
[wyp@local wyp] $ mkdir vrs{A,B,C,D,E}
[wyp@local wyp] $ ls -F
file1 file2 file3 vrsA/ vrsB/ vrsC/ vrsD/ vrsE/
```

-F 选项使 ls 在目录后面显示斜杠(/),在可执行文件后面显示星号(*)。

2. 代字符

当代字符(~)出现在命令行中某个标记的起始处时,它就是一个特殊的字符。如果代字符本身作为一个字,或者其后紧跟着一个斜杠,那么 Shell 将用 HOME 变量的值代替这个代字符。

例如:

```
[wyp@local wyp]$ echo $HOME
/home/wyp
[wyp@local wyp]$ echo ~
/home/wyp
[wyp@local wyp]$ echo ~/exec1
/home/wyp/exec1
```

如果代字符后面的字符串构成了一个合法的用户名,那么 Shell 将用与该用户名相对应的主目录的路径替换这个代字符和用户名。如果该字符串不为空并且不是一个合法的用户名,那么 Shell 将不进行任何替换。例如:

```
[wyp@local wyp]$ echo ~wyp
/home/wyp
[wyp@local wyp]$ echo ~root
/root
[wyp@local wyp]$ echo ~xx
Bash: ~xx: command not found
```

3. 通配符

bash 提供许多功能用来帮助用户节省输入命令的时间,其中最常用的一种方法就是使用通配符。通配符就是一些特殊的字符,可以用来在引用文件名时简化命令的书写。用户在使用时可以用通配符来指定一种模式,即所谓的“模式串”(pattern),然后 Shell 将把那些与这种模式能够匹配的文件作为输入文件。在 bash 中可以使用三种通配符:“*”、“?”、“[]”。

“*”代表任何字符串(长度可以不等),例如,f* 匹配以 f 打头的任意字符串。但应注意,文件名前的圆点(.)和路径名中的斜线(/)必须显示匹配。例如,“*”不能匹配.file,而“.*”才可以匹配.file。

“?”代表任何单个字符。

“[]”代表指定的一个字符范围,只要文件名中“[]”位置处的字符在“[]”中指定的范围之内,那么这个文件名就与这个模式串匹配。方括号中的字符范围可以由直接给出的字符组成,也可以从用户限定范围的起始字符、终止字符及中间的连字符(-)组成。例如,f[a-d]与 f[abcd]的作用相同。方括中的字符是用来匹配单个字符,故此例匹配 a、b、c 或 d,不能匹配 aa、bc 或者其他任意组合。

另外,用感叹号(!)或脱字符作为列表的第一个字符可以起到反意作用。例如,[!xyz]表示匹配 x、y、z 以外的任意一个字符。

4. 注释符

在 Shell 编程中经常要对某些正文行进行注释,以增加程序的可读性。在 Shell 中以字符“＃”开头的正文行表示注释行。

5. 算术扩展符

Shell 计算算术表达式的值并用该值替换表达式，这就是算术扩展。在 bash 中，算术表达式的语法如下：

```
$((expression))
```

这种语法类似于命令替换所用的语法[$(…)]，并将执行相同的功能。可将$((expression))作为参数传递给命令或者替换命令行上的任何数值。

expression 的构成规则与 C 编程语言的规则相同。所有标准 C 算术运算符都可用。bash 中的算术使用整数进行计算。除非使用整数类型的变量或者真正的整数，否则，为了进行算术运算，Shell 必须将字符串值变量转换成整数。

不需要在 expression 中的变量名前加上美元符号($)。下面的示例将用户的输入赋予 age 后，用一个算术表达式判断距离 60 岁还有多少年。

```
[wyp@local wyp]$ cat age_check
#! /bin/bash
Echo -n "how old are you?"
Read age
Echo "wow, in $((60-age))years,you'll be 60!"
[wyp@local wyp]$ ls -l age_check
-rwxrw-r-- 1 wyp wyp 95 10月 25 04:30 age_check
$ ./age_check
How old are you? 55
Wow, in 5 years., you'll be 60!
```

符号“#!”用来告诉系统所使用的 Shell 类型，本书所执行的 Shell 程序都为默认的 bash 类型，所以下面例子此命令均省略。

不必将 expression 放在引号中，这是因为 bash 不对其进行文件名扩展。这个功能可以简化使用星号(*)进行乘法运算，如下面的示例所示：

```
[wyp@local wyp]$ echo there are $((60*60*24*365))seconds in a non_leap year.
There are 31536000 seconds in a non-leap year.
```

如果在“$((”和“))”中使用变量，那么单个变量引用前面的美元符号是可选的，例如：

```
[wyp@local wyp]$ x=23=37
[wyp@local wyp]$ echo $((2*$x+3*$y))
157
[wyp@local wyp]$ echo $((2*x+3*y))
157
```

本章小结

本章首先简单介绍 Shell 的相关概念，其中 bash 是一种最常用的 Shell 类型。接着介绍 bash 中所涉及的内部命令、Tab 键的补全功能和历史命令的查看。最后一节详细阐述了

bash 中的环境变量、内部变量和用户变量的使用，以及介绍 bash 中的命令行扩展符号。

习　题

1. 查看当前 Linux Shell 的类型，写出相应命令和查询结果。

2. PATH 变量的作用是什么？

(1) 设置 PATH 变量，使 Shell 按照顺序搜索下面的目录：

```
/user/local/bin
/usr/bin
/bin
/bin/Kerberos/bin
用户的主目录中的 bin 目录
工作目录
```

(2) 如果在/usr/bin 目录中有一个名为 doit 的文件，同时在用户的～/bin 目录也有一个同名的文件，那么 Shell 会执行哪一个呢（假设具备两个文件的执行权限）？

(3) 使用哪条命令可以把目录/usr/games 添加到 PATH 中目录列表的末尾？

3. 由键盘输入一行字符，将该内容变成 atest 变量，写出相应的命令。

4. 显示 Shell 的 PID 值。

5. 自定义一个变量等于"echo little girl"，并将 little girl 通过自定义变量显示出来。

6. 变量运算：

(1) 进行 100＋300＋50 的加运算，将结果存入数值变量 sum；

(2) 定义 a＝3，b＝5，输出 a＋b 的和；

(3) 显示输出 your cost is ＄5.00；

(4) 让 sum 变量变成环境变量，写出两种方法。

7. 假设已经执行了下面的赋值：

```
$ person = zach
```

给出下面这些命令的输出：

(1) echo ＄person

(2) echo '＄person'

(3) echo '＄person'

第7章 Linux程序开发

7.1 Shell Script 简介

Shell 既是一种命令语言，又是一种程序设计语言。Shell 提供了定义变量和参数的手段以及丰富的程序控制结构，可以用来进行程序设计。使用 Shell 编程类似于 DOS 中的批处理文件，将所需要的操作集中起来，放在同一个文件之内，组成一个脚本，称为 Shell Script，又叫 Shell 程序或 Shell 命令文件。从定时备份到执行简单命令，Linux 的 Shell 脚本可以执行各种功能，几乎所有的程序都可以用 Shell 脚本来运行。

7.1.1 Shell Script 的作用

通过编写 Shell 脚本，用户可以根据自己的需要有条件地或者重复地执行命令。通过 Shell 程序，可以把单个的 Linux 命令组合成一个完全实用的工具，完成用户的任务。

7.1.2 创建一个简单的 Shell 脚本

用户可以用 vi 或其他编辑工具编写复杂的 Shell 脚本。因为 Shell 程序是解释执行的，所以不需要编译成目的程序。

例如，建立 Shell 程序 shex1，存放在当前目录下（假定当前目录为 /home/wyp），程序功能为先清屏，然后显示 1998 年的 1 月、2 月、3 月的月历。程序文件内容如下：

```
clear
cal 1 98
cal 2 98
cal 3 98
```

用 vi 编辑器建立 Shell 程序文件 shex1 的方法如下：

(1) 输入命令"vi shex1"，启动 vi；

(2) 输入命令"i"，进入 vi 的插入状态；

(3) 输入程序文件内容；

(4) 按 Esc 键，再输入"："，切换到 vi 的命令状态；

(5) 最后输入命令"wq"，保存文件内容后，退出 vi。

至此，Shell 程序文件 shex1 已建立。

7.1.3 执行 Shell 脚本

当编辑好脚本文件时，执行 Shell 程序有两种方法：一种是在 Shell 环境下，将 Shell 程序文件作为子 Shell 程序被调用执行；另一种是将 Shell 程序文件视作命令来执行(因此，Shell 程序文件可以看作是将各种命令组合在一起而形成的新命令)，此时必须赋予 Shell 程序文件执行权限。

方法一：

```
sh <Shell 程序文件名> [<参数 1><参数 2> …]
```

方法二：

```
<Shell 程序文件名> [<参数 1><参数 2> …]
```

例如，分别用两种方法运行已建立的 Shell 程序文件 shex1。

方法一：

在 Shell 提示符下，输入命令"sh shex1"。

方法二：

(1) 首先，给 Shell 程序文件 shex1 赋予可执行权限，则在 Shell 提示符下，输入命令"chmod a+x shex1"；

(2) 然后，在 Shell 提示符下，输入命令"/home/wyp/shex1"或者"./shex1"便可执行该 shex1 程序，如同其他 Shell 命令一样。

两种方法的运行结果，如图 7-1 所示。

```
日 一 二 三 四 五 六
      1  2  3  4  5  6
 7  8  9 10 11 12 13
14 15 16 17 18 19 20
21 22 23 24 25 26 27
28 29 30 31

       二月 98
日 一 二 三 四 五 六
                1  2  3
 4  5  6  7  8  9 10
11 12 13 14 15 16 17
18 19 20 21 22 23 24
25 26 27 28

       三月 98
日 一 二 三 四 五 六
                1  2  3
 4  5  6  7  8  9 10
11 12 13 14 15 16 17
18 19 20 21 22 23 24
25 26 27 28 29 30 31

[wyp@localhost wyp]$
```

图 7-1

运行命令中有[参数]和没有[参数]的情况分别称为带参数的运行命令和不带参数的运行命令。在 Shell 程序中可使用的形参为 $0、$1、$2、… $9，当程序运行时，＜参数 1＞ ＜参数 2＞…依次赋值给 $1、$2、…，通常称运行命令中所带的参数为实参。

$0 是一个特殊的形参，其值规定为当前运行的 Shell 程序命令本身。

由于形参个数有限，当参数较多时，可通过命令 Shift 来移动形参与实参的对应关系，执行一次 shift 后，$1、$2、…变为依次与＜参数 2＞ ＜参数 3＞…对应，再执行一次 shift 后，$1、$2、…变为依次与＜参数 3＞ ＜参数 4＞…对应，以此类推。通过下面的例子 Shell 程序 shex2，可观察参数的移动变化情况。

shex2 程序文件内容如下：

```
echo $0 $1 $2
shift
echo $0 $1 $2
```

运行的命令所带参数及运行结果如图 7-2 所示。

图中可观察到，$0 的值始终是当前运行的 Shell 程序命令本身，即./shex2。另出现"bash:/root/.bashrc：权限不够"，是因为如果是 bash Shell 类型，每开启一个子 Shell，都会执行一次～/.bashrc，而文件权限为 root。

```
[wyp@localhost wyp]$ ./shex2 yesterday today tomorrow
bash: /root/.bashrc: 权限不够
./shex2 yesterday today
./shex2 today tomorrow
[wyp@localhost wyp]$
```

图 7-2

例如，将 shex1 程序用参数形式进行改写，程序功能保持不变，最后将程序保存为 shex3，存放在当前目录下。

shex3 程序文件内容如下：

```
clear
cal $1 98
cal $2 98
cal $3 98
```

运行的命令所带参数及运行结果分别如图 7-3 所示。

```
[wyp@localhost wyp]$ ./shex3 10 11 12
bash: /root/.bashrc: 权限不够
        十月 98
日 一 二 三 四 五 六
       1  2  3  4  5  6
 7  8  9 10 11 12 13
14 15 16 17 18 19 20
21 22 23 24 25 26 27
28 29 30 31

       十一月 98
日 一 二 三 四 五 六
                1  2  3
 4  5  6  7  8  9 10
11 12 13 14 15 16 17
18 19 20 21 22 23 24
25 26 27 28 29 30

       十二月 98
日 一 二 三 四 五 六
                      1
 2  3  4  5  6  7  8
 9 10 11 12 13 14 15
16 17 18 19 20 21 22
23 24 25 26 27 28 29
30 31
[wyp@localhost wyp]$
```

图 7-3

当带参数的运行命令为“./shex3 1 2 3”，则运行结果显示如图 7-1 所示。注意，当实参为空时，形参将被传递空值。

在 Shell 程序编写过程中难免会出错，有的时候，调试程序比编写程序花费的时间还要多，Shell 程序同样如此。

Shell 程序的调试主要是利用 bash 命令解释程序的选择项。调用 bash 的形式如下：

```
bash [选项][Shell 程序文件名]
```

命令中各参数的含义如下。

-e：如果一个命令失败就立即退出。

-n：读入命令但是不执行它们。

-u：置换时把未设置的变量看作出错。

-v：当读入 Shell 输入行时，把它们显示出来。

-x：执行命令时把命令和它们的参数显示出来。

上面的所有选项也可以在 Shell 程序内部用“set-选项”的形式引用，而“set＋选项”则将禁止该选项起作用。如果只想对程序的某一部分使用某些选择项时，则可以将该部分用上面两个语句围起来。

当 Shell 运行时，若遇到不存在或不可执行的命令，复位失败或命令非正常结束等情况时，如果未经重新定向，该出错信息会显示在终端屏幕上，而 Shell 程序仍将继续执行。要想在错误发生时迫使 Shell 程序立即结束，可以使用“-e”选项将 Shell 程序的执行立即终止。

7.2 循环与判断

和其他高级程序设计语言一样，Shell 提供了用来控制程序和执行流程的命令，包括条件分支和循环结构，用户可以用这些命令创建非常复杂的程序。

与传统语言不同的是，Shell 用于指定条件值的不是布尔运算式，而是命令和字符串。Shell 提供的 test 命令可组合多个表达式，生成功能灵活的条件表达式，使 Shell 程序的功能更强，下面介绍 test 命令的基本使用。

格式：

```
test <表达式>
```

功能：test 命令返回表达式成立与否的状态值，如果表达式成立，则 test 返回真的状态值 0，否则，test 返回假的状态值，即一个非 0 值。test 命令常用于 if、while 语句的条件测试，可以进行文件、字符和数值三个方面的测试，其测试符和相应的功能分别如下。

1. 文件测试

表 7-1 中的文件运算符测试文件是否存在、文件类型及属性。

例如：

(1) test -e /home/wyp/shex1 测试 shex1 文件是否存在于目录/home/wyp 中，若存在返回真值，否则返回假值；

(2) test -x /home/wyp/shex1 测试目录/home/wyp 下的 shex1 文件是否可执行，若是，返回真值，否则返回假值。

表 7-1

运 算 符	说 明
-e ＜文件名＞	检查＜文件名＞存在否，若存在，返回真值；否则返回假值
-f ＜文件名＞	检查＜文件名＞是否是普通文件，若是，返回真值；否则返回假值
-d ＜文件名＞	检查＜文件名＞是否是目录，若是，返回真值；否则返回假值
-r ＜文件名＞	检查＜文件名＞是否可读，若是，返回真值；否则返回假值
-w ＜文件名＞	检查＜文件名＞是否可写，若是，返回真值；否则返回假值
-x ＜文件名＞	检查＜文件名＞是否可执行，若是，返回真值；否则返回假值
-s ＜文件名＞	检查＜文件名＞是否存在且文件长度大于零，若是，返回真值；否则返回假值

续表

运　算　符	说　　明
＜文件名 1＞ -nt ＜文件名 2＞	如果＜文件名 1＞比＜文件名 2＞新(根据文件最后修改时间判断),返回真值;否则返回假值
＜文件名 1＞ -ot ＜文件名 2＞	如果＜文件名 1＞比＜文件名 2＞旧(根据文件最后修改时间判断),返回真值;否则返回假值
＜文件名 1＞ -ef ＜文件名 2＞	如果＜文件名 1＞和＜文件名 2＞有相同的设备名和 Inode 号,返回真值;否则返回假值

2. 字符串测试

表 7-2 中的字符串运算符可以用来判断字符串表达式的真假。

例如:

(1) test abc=def 测试字符串 abc 是否等于 def,若相等返回真值,否则返回假值;

(2) test -z ＄1 测试 Shell 程序运行时是否带有参数 1,若未带参数,即＄1 长度为零,则返回真值,否则返回假值。

表 7-2

运　算　符	说　　明
-z ＜字符串＞	如果＜字符串＞长度为零,返回真值;否则返回假值
-n ＜字符串＞	如果＜字符串＞长度不为零,返回真值;否则返回假值
＜字符串 1＞=＜字符串 2＞	如果＜字符串 1＞与＜字符串 2＞相等,返回真值;否则返回假值
＜字符串 1＞ !=＜字符串 2＞	如果＜字符串 1＞与＜字符串 2＞不相等,返回真值;否则返回假值

3. 数值测试

表 7-3 中的数值运算符可以用来判断数值表达式的真假。

例如:

test ＄1 -ge 1 测试 Shell 程序运行时参数 1 是否大于等于 1,若是,则返回真值,否则返回假值。

表 7-3

运　算　符	说　　明
＜数值表达式 1＞ -eq ＜数值表达式 2＞	如果＜数值表达式 1＞等于＜数值表达式 2＞,则返回真值;否则返回假值
＜数值表达式 1＞ -ne ＜数值表达式 2＞	如果＜数值表达式 1＞不等于＜数值表达式 2＞,则返回真值;否则返回假值
＜数值表达式 1＞ -lt ＜数值表达式 2＞	如果＜数值表达式 1＞小于＜数值表达式 2＞,则返回真值;否则返回假值
＜数值表达式 1＞ -le ＜数值表达式 2＞	如果＜数值表达式 1＞小于或等于＜数值表达式 2＞,则返回真值;否则返回假值
＜数值表达式 1＞ -gt ＜数值表达式 2＞	如果＜数值表达式 1＞大于＜数值表达式 2＞,则返回真值;否则返回假值
＜数值表达式 1＞ -ge ＜数值表达式 2＞	如果＜数值表达式 1＞大于或等于＜数值表达式 2＞,则返回真值;否则返回假值

4. 逻辑运算符

表7-4提供了与“-a”、或“-o”、非“!”三个逻辑操作符,用于将测试条件连接起来,其优先顺序为“!”最高,“-a”次之,“-o”最低。

例如:

test -w /home/wyp/exec1 -a -n ＄1 测试目录/home/wyp下的exec1文件是否可写,并且判断此Shell程序运行时参数1是否存在,两者皆为真,此表达式的最终结果才为真。

表 7-4

运 算 符	说 明
! ＜表达式＞	如果＜表达式＞为假,则返回真值;否则返回假值
＜表达式1＞ -a ＜表达式2＞	＜表达式1＞、＜表达式2＞进行与操作,若＜表达式1＞、＜表达式2＞均为真,则返回真值;否则返回为假值
＜表达式1＞ -o ＜表达式2＞	＜表达式1＞、＜表达式2＞进行或操作,若＜表达式1＞、＜表达式2＞均为假,则返回假值;否则返回真值

也可以省略test命令,使用如下格式指定条件值:

```
[表达式]
```

例如:

(1) [abc＝ABC] 测试字符串abc是否等于ABC,若相等返回真值,否则返回假值;

(2) [-f readme -a -w readme] 测试readme文件是否存在且具有写入权限,若为是,则此表达式返回真,否则返回假值。

7.2.1 if

Shell程序中的条件分支是通过if条件语句来实现的,具体结构有以下两种。

1. if-then-else结构

```
if <条件判断命令>
 then <命令集 1>
 else <命令集 2>
fi
```

其中,＜条件判断命令＞通常是“test ＜表达式＞”,当条件成立,则返回0;条件不成立,则返回一个非0值。

执行过程说明:当＜条件判断命令＞返回0时,则执行then后的＜命令集1＞,然后执行fi后面的命令;否则执行else后的＜命令集2＞,然后执行fi后面的命令。在if-then-else结构中,允许在then和else后的命令集中包含if-then-else结构,即允许嵌套。

需要强调的是,其中if和fi必须配对出现。

2. if-then-fi结构

```
if <条件判断命令>
  then <命令集>
fi
```

执行过程说明：当＜条件判断命令＞返回 0 时，则执行 then 后的＜命令集＞，然后执行 fi 后面的命令，否则执行 fi 后面的命令。

例如，编写 Shell 程序文件 shp1，存放在当前目录下，程序功能要求如下：

如果 /etc 目录中的文件 profile 存在，则将其复制到 fd0 盘的根目录中，并分屏显示 fd0 盘上的 profile 文件内容；否则在屏幕上显示信息“profile is not exist!”。

(1) 用 vi 创立 Shell 程序文件 shp1，程序如下：

```
if test -e /etc/profile
  then cp /etc/profile /mnt/floppy
     cat /mnt/floppy/profile|more
     rm -f /mnt/floppy/profile
  else echo profile is not exist!
fi
```

(2) 用两种方法运行程序 shp1。

方法一：

在 Shell 提示符下，输入命令“sh shp1”。

方法二：

① 给程序文件赋予可执行属性“X”，在 Shell 提示符下，输入命令“chmod a+x shp1”；

② 运行程序，在 Shell 提示符下，输入命令“/home/wyp/shp1”。

观察运行结果，若文件 profile 存在，则屏幕显示如图 7-4 所示，若文件 profile 不存在，则屏幕显示如图 7-5 所示。

```
[root@localhost root]# /home/wyp/shp1
# /etc/profile

# System wide environment and startup programs, for login setup
# Functions and aliases go in /etc/bashrc

pathmunge () {
        if ! echo $PATH | /bin/egrep -q "(^|:)$1($|:)" ; then
           if [ "$2" = "after" ] ; then
              PATH=$PATH:$1
           else
              PATH=$1:$PATH
           fi
        fi
}

# Path manipulation
if [ `id -u` = 0 ]; then
        pathmunge /sbin
        pathmunge /usr/sbin
        pathmunge /usr/local/sbin
fi
--More--
```

图 7-4

```
profile is not exist!
[root@localhost /root]#
```

图 7-5

例如，编写 Shell 程序文件 shp2，存放在当前目录下，程序功能要求如下：

如果 shp2 运行时未带参数，则在屏幕上显示信息“Parameter Lost!”，并结束程序运行；如果 shp2 运行时带一个参数，则判断参数所指定的文件是否存在，如果存在则复制该文件到 fd0 盘的根目录；否则先在屏幕上显示信息“File not found!”，然后显示程序自身。

(1) 用 vi 创立 Shell 程序文件 shp2，程序如下：

```
if test -z $1
  then echo Parameter Lost!
  else if test -e $1
          then cp $1 /mnt/floppy
          else echo File not found!
               cat $0
       fi
fi
```

(2) 用两种方法运行程序 shp2。

方法一：

在 Shell 提示符下，输入命令“sh shp2”。

方法二：

① 给程序文件赋予可执行属性“X”，在 Shell 提示符下，输入命令“chmod a+x shp2”；

② 运行程序，在 Shell 提示符下，输入命令“/home/wyp/shp2”。

测试并观察程序运行结果，若输入命令“sh shp2”，则运行结果显示如图 7-6 所示；若输入命令“sh shp2 shp1”，则运行结果显示如图 7-7 所示；若输入命令“sh shp2 sx”(其中，sx 参数所指定的文件是一个不存在的文件)，则运行结果显示如图 7-8 所示。

```
[wyp@localhost wyp]$ sh shp2
parameter lost!
[wyp@localhost wyp]$
```

图 7-6

```
[root@localhost wyp]# sh shp2 shp1
[root@localhost wyp]# ls -l /mnt/floppy/shp1
-rw-r--r--    1 root     root          167 10月 26 02:49 /mnt/floppy/shp1
[root@localhost wyp]#
```

图 7-7

```
[wyp@localhost wyp]$ sh shp2 sx
file not found!
if test -z $1
   then echo parameter lost!
   else if test -e $1
          then cp $1 /mnt/floppy
          else echo file not found!
             cat $0
          fi
fi
[wyp@localhost wyp]$
```

图 7-8

7.2.2 for

for 语句可以对一个变量的所有可能值都执行一个命令序列。赋给变量的几个数值既可以在程序内以数值列表的形式提供，也可以在程序以外以位置参数的形式提供。for 循环的一般格式为：

```
for <循环变量> [in <循环变量取值集>]
  do
```

```
    <命令集>
  done
```

其中,＜循环变量取值集＞中的值与值之间用空格分隔。

执行过程说明:程序从＜循环变量取值集＞中依次取值,赋给＜循环变量＞,并执行一轮由 do 和 done 括起来的循环体中的＜命令集＞,直到＜循环变量取值集＞中的值取完,再执行 done 后面的命令。

若"in ＜循环变量取值集＞"缺省,则＜循环变量取值集＞为实参集。

例如,编写 Shell 程序文件 shp3,存放在当前目录下,程序功能要求如下:

用 for 命令实现,在当前目录下创建名为 user0、user1、user2、…user9 十个子目录后,用长格式显示这十个目录的目录信息,然后用 for 命令删去这十个目录后,再用长格式显示这十个目录的目录信息。

(1) 用 vi 创立 Shell 程序文件 shp3,程序如下:

```
for i in 0 1 2 3 4 5 6 7 8 9
   do mkdir user $ i
  done
    ls -dl user?|more
  for i in 0 1 2 3 4 5 6 7 8 9
   do rm -rf user $ i
  done
    ls -dl user? | more
```

(2) 用两种方法运行程序 shp3。

方法一:

在 Shell 提示符下,输入命令"sh shp3"。

方法二:

① 给程序文件赋予可执行属性"X",在 Shell 提示符下,输入命令"chmod a+x shp3";

② 运行程序,在 Shell 提示符下,输入命令"/home/wyp/shp3"。

观察运行结果,屏幕显示如图 7-9 所示。

```
[wyp@localhost wyp]$ sh shp3
drwxrwxr-x    2 wyp      wyp          4096 11月 22 02:03 user0
drwxrwxr-x    2 wyp      wyp          4096 11月 22 02:03 user1
drwxrwxr-x    2 wyp      wyp          4096 11月 22 02:03 user2
drwxrwxr-x    2 wyp      wyp          4096 11月 22 02:03 user3
drwxrwxr-x    2 wyp      wyp          4096 11月 22 02:03 user4
drwxrwxr-x    2 wyp      wyp          4096 11月 22 02:03 user5
drwxrwxr-x    2 wyp      wyp          4096 11月 22 02:03 user6
drwxrwxr-x    2 wyp      wyp          4096 11月 22 02:03 user7
drwxrwxr-x    2 wyp      wyp          4096 11月 22 02:03 user8
drwxrwxr-x    2 wyp      wyp          4096 11月 22 02:03 user9
ls: user?: 没有那个文件或目录
[wyp@localhost wyp]$
```

图 7-9

例如,编写 Shell 程序文件 shp4,存放在当前目录下,程序功能要求如下:

① 清屏;

② 当程序运行时,屏幕显示如下形式的信息。

```
****************************************************
* This is a shell program for renaming and … *
****************************************************
```

③ 检查在 fd0 盘的根目录中，是否存在由参数 1 指定的文件，若不存在，则屏幕显示信息"File not found!"；若存在则将参数 1 指定的文件改名为由参数 2 指定的文件名，然后用 for 命令对改名后的文件显示长格式的目录信息和文件内容。

(1) 用 vi 创立 Shell 程序文件 shp4，程序如下：

```
clear
echo "*********************************************"
echo "* This is a shell program for nameing … *"
echo "*********************************************"
if test -n $1 -a -n $2
then if test $1 != $2
   then if test -e $1
            then mv $1 $2
              for cn in "ls -l" "cat"
                do
                 $cn $2
                 echo " "
              done
            else echo File not found!
            fi
      fi
  fi
```

(2) 用两种方法运行程序 shp4。

方法一：

在 Shell 提示符下，输入命令"sh shp4"。

方法二：

① 给程序文件赋予可执行属性"X"，在 Shell 提示符下，输入命令"chmod a+x shp4"；

② 运行程序，在 Shell 提示符下，输入命令"/home/wyp/shp4"。

测试程序，若输入命令"/home/wyp/shp4 shp1 abc"，观察到的运行结果如图 7-10 所示。读者也可以使用其他参数或不加参数来查看运行结果。

```
**********************************************
*this is a shell program for nameing… *
**********************************************
-rwxrwxr-x    1 wyp     wyp          167 10月 25 23:36 abc

if test -e /etc/profile
  then cp /etc/profile /mnt/floppy
       cat /mnt/floppy/profile|more
       rm -f /mnt/floppy/profile
   else echo profile is not exist!
fi

[wyp@localhost wyp]$
```

图 7-10

7.2.3 while 和 until

1. while 循环

while 循环用于不断执行一系列命令，也用于从输入文件中读取数据，其格式为：

```
while 命令
do
<命令集>
done
```

虽然通常只使用一个命令，但在 while 和 do 之间可以执行几个命令。命令通常用作测试条件。

只有当命令的退出状态为 0 时，do 和 done 之间命令才被执行，如果退出状态不是 0，则循环终止。

命令执行完毕，控制返回循环顶部，从头开始直至测试条件为假。可以用 while 进入死循环。

2. until 循环

until 循环执行一系列命令直至条件为真时停止。until 循环与 while 循环在处理方式上刚好相反。一般 while 循环优于 until 循环，但在某些时候——也只是极少数情况下，until 循环更加有用。

until 循环格式为：

```
until 条件
<命令集>
done
```

条件可为任意测试条件，测试发生在循环末尾，因此循环至少执行一次。

Shell 还提供了 true 和 false 两条命令用于创建无限循环结构，它们分别表示总为真或总为假。

例如，编制一个 Shell 程序 shp5，当用命令“shp5 xx yy …”执行程序 shp5 时(其中，xx yy …为一系列指定文件的参数)，要求能判断由参数指定的每个文件是否存在，若不存在，则在屏幕上显示信息“file not exists”；如果文件存在，则进一步判断文件长度是否为零，若文件长度为零，则屏幕显示信息“file exists and has a size equal zero”，否则显示信息“file exists and has a size greater than zero”。

(1) 用 vi 编辑器建立 Shell 程序文件 shp5，用 while 循环结构编制 shp5，程序如下：

```
while test $1
  do
    If test -e $1
      then if test -s $1
              then echo file $1 exists and has a size greater than zero.
              else echo file $1 exists and has a size equal zero.
            fi
        else echo file $1 not exists.
    fi
   shift
  done
```

用 until 循环结构编制 shp5，程序如下：

```
until test -z $1
  do
    if test -e $1
      then if test -s $1
             then echo file $1 exists and has a size greater than zero.
             else echo file $1 exists and has a size equal zero.
           fi
        else echo file $1 not exists.
      fi
    shift
  done
```

（2）建立一个长度为零的文件 a 和长度大于零的文件 f1，用命令“sh shp5 a f1 t”执行程序 shp5，测试程序的正确性，屏幕显示如图 7-11 所示。

```
[wyp@localhost wyp]$ sh shp5 a f1 t
file a exists and has a size equal zero.
file f1 exits and has a size greater than zero.
file t not exists.
[wyp@localhost wyp]$ █
```

图 7-11

例如，编制一个 Shell 程序 shp6，使用 while 语句创建一个计算 1 到 5 的平方的 Shell 程序。

（1）用 vi 创立 Shell 程序文件 shp6，程序如下：

```
a=1
while [ $a -le 5 ]
    do
        sq=$(($a * $a))
        echo $sq
        a=$(($a+1))
    done
echo "job completed"
```

（2）在 Shell 提示符下，用命令“sh shp6”运行程序。执行结果如图 7-12 所示。

```
[wyp@localhost wyp]$ sh shp6
1
4
9
16
25
job completed
[wyp@localhost wyp]$
```

图 7-12

7.2.4 case

if 条件语句用于在两个选项中选定一项，而 case 条件选择为用户提供了根据字符串或变量的值从多个选项中选择一项的方法，其格式如下：

```
case <变量> in
字符串 1) <命令集 1> ;;
```

```
…
字符串 n) <命令集 n>;;
        * ) <缺省命令>
esac
```

其中，字符串中可含通配符。

执行过程说明：程序将＜变量＞的值依次和字符串 1、字符串 2、…、字符串 n 进行比较，哪个匹配，则执行哪个后面的＜命令集＞，直到遇到一对分号（；；）为止；若都不匹配，则执行＜缺省命令＞。

说明：如果能同时匹配多个字符串，则只能执行第一个匹配字符串后的＜命令集＞。

例如，编制一个 Shell 程序 shp7，使用 case 语句创建一个菜单选择。

（1）用 vi 创立 Shell 程序文件 shp7，程序如下：

```
echo _
  echo "1 restore"
  echo "2 backup"
  echo "3 unload"
  echo
  echo "enter choice:"
  read CHOICE
  case - n " $ CHOICE" in
  1) echo "restore" ;;
  2) echo "backup" ;;
  3) echo "unload" ;;
  * ) echo "sorry $ CHOICE is not a valid choide"
  esac
```

```
[wyp@localhost wyp]$ sh shp7
_
1 restore
2 backup
3 unload

enter choice:1
restore
[wyp@localhost wyp]$ sh shp7
_
1 restore
2 backup
3 unload

enter choice:4
sorry 4 is not a valid choice
[wyp@localhost wyp]$
```

图 7-13

（2）在 Shell 提示符下，用命令“sh shp7”运行程序。执行结果如图 7-13 所示。

7.3 I/O 与管道

每一个 Linux 命令都有一个源作为标准输入，一个目的地作为标准输出。命令的输入通常来自键盘（尽管它也可以来自文件）。命令通常输出到监视器或者屏幕上。Linux 计算环境使用重定向可以控制命令的 I/O。当试图把命令的输出保存到一个文件，以供以后查看的时候是很有用的。通过管道，可以取得一个命令的输出，把它作为另一个命令的进一步处理的输入。

有几个元字符可作为输入输出重定向符号：输出重定向使用右尖括号（＞，又称大于号）；输入重定向使用左尖括号（＜，又称小于号）；出错输出重定向使用右尖括号之前有一个数字 2（即 2＞）。

重定向命令的格式如下：

```
命令 重定向符号 文件(文本文件或设备文件)
```

标准输出比标准输入或标准出错更经常被重定向。许多命令，如 ls、cat、head 和 tail 产生标准输出到屏幕上，常常会希望把这个输出重定向到一个文件中，以便将来查看、处理或者打印。通过替换文件名，可以截获命令的输出，而不是让它到达默认的监视器上。

最强大的元字符之一是管道符号(|)。管道取得一个命令的标准输出，把它作为标准输入传递给下一个命令(通常为 more 命令、lp(行式打印机)命令或者一个文件处理命令，如 grep 或 sort)。必须在管道的每边都有一个命令，命令和管道之间的空格是可选的。管道不需要单独处理每条命令，并且不需要中间文件。

管道的功能类似于下面的过程：首先将一条命令的标准输出重定向到一个文件，然后将该文件作为另一个命令的标准输入。

管道命令的格式如下：

```
命令 | 命令
```

例如，在 Shell 提示符下存在命令：cat file1 file2|wc -l，其功能是将 file1 和 file2 的内容输出，并作为 wc 命令的输入，以实现通过 wc-l 命令统计这两个文件的字符的行数。

也可以使用多个管道连接多个命令。例如，在 Shell 提示符下输入命令：ls -l|tail|sort，其功能是将当前目录下的长文件列表输出，作为 tail 命令的输入，以截取后 10 行，然后到 sort 命令进行排序。

7.3.1 程序的三个输入输出通道

标准输出(stdout)是指 Linux 把输出信息送到标准输出中，如图 7-14 所示。这些信息可以输出到打印机、普通文件或屏幕。默认情况下，Shell 一般将命令的执行结果标准输出到屏幕。

图 7-14

例如，命令“cat f1 ”的功能就是将 f1 的内容输出到标准输出中，即在显示器上显示。

标准输入(stdin)是指 Linux 从标准输入中读取信息，如图 7-14 所示。默认情况下，Shell 一般将标准输入设置成键盘，也可以通过重定向到一条命令，使得程序的输入来自普通文件。

除了标准输入和标准输出，对于一个运行的程序来说，还存在标准错误(stderr)，它是指输出错误消息的地方，这样就可以避免与发送到的标准输出的信息混淆在一起。与处理标准输出一样，默认情况下，Shell 将命令的标准错误发送到屏幕上。除非重定向标准输出和标准错误中的某一个，否则不能区分命令的输出到底是发送到标准输出还是标准错误。

7.3.2 重定向程序的输入与输出

重定向包含改变 Shell 标准输入的来源和标准输出的去向的各种方式。默认情况下，Shell 将命令的标准输入关联到键盘，标准输出关联到屏幕。但也可以将任何命令的标准输入或输出由键盘或屏幕对应的设备文件重定向到某个命令或者文件。本节将介绍如何将输入输出重定向到普通文件。

1. 重定向标准输出

重定向输出符号(>)可以使 Shell 将命令的输出重定向到指定的文件,而不是屏幕。重定向输出的命令行格式如下:

```
command [arguments]> filename
```

其中,command 为可执行程序(如应用程序或者实用程序),arguments 是可选参数,filename 是 Shell 要重定向输出到的普通文件名。

图 7-15 给出了使用 cat 对输出进行重定向的示例。

```
[wyp@localhost wyp]$ cat > sample.txt
this text is being entered at the keyboard and
cat is copying it to a file.
[wyp@localhost wyp]$
```

图 7-15

在图 7-15 中,输入仍然来自键盘,而命令行上的重定向输出符号使得 Shell 将 cat 的标准输出关联到在命令行上指定的文件 sample. txt。在输入如图 7-15 所示的命令和文本后,按 Ctrl+d 键,结束文本的输入,文件 sample. txt 中将包含刚才输入的文本内容。在 Shell 命令提示符下,使用如下命令可显示该文件的内容:

```
[wyp@localhost wyp] $ cat sample.txt
```

使用 cat 和重定向输出符号可以将多个文件逐个连接成一个较大的文件,例如:

```
[wyp@localhost wyp] $ cat stationary tape pens > supply_orders
```

以上命令的执行过程:cat 首先将文件内容逐个复制到标准输出,然后,将标准输出重定向到文件 supply_orders 中,即文件 supply_orders 包含了前面 3 个文件的内容。

例如,图 7-16 把当前目录下的长文件列表输出重定向到 homedir. list 中,第二个命令显示文件 homedir. list 的内容。

```
[wyp@localhost wyp]$ ls -l>homedir.list
[wyp@localhost wyp]$ cat homedir.list
总用量 236
-rw-r--r--    1 root     root          0 10月  9 23:11 a
-r---w---x    1 root     root          0  6月  4 21:27 a1
drwxrwxrwx    2 wyp      wyp        4096 10月 15 03:43 a2
-rwxrwxr-x    1 wyp      wyp         167 10月 25 23:36 abc
-rwxrw-r--    1 wyp      wyp          95 10月 25 04:30 age_check
-rw-r--r--    1 root     root          0 10月  9 23:16 b
drwxr-xr-x    2 root     root       4096 10月 15 03:14 b1
drwxr-xr-x    3 root     root       4096 10月 18 05:25 b2
-rw-r--r--    1 root     root          0 10月  9 23:17 c
-rw-rw-r--    1 wyp      wyp       47276  5月 31 10:05 dev1
-rw-r--r--    2 root     root        346  6月  4 16:55 exec1
-rw-r--r--    2 root     root        346  6月  4 16:55 exec2
lrwxrwxrwx    1 root     root          5 10月  9 04:00 exec3 -> exec1
-r---w---x    1 root     root         21  6月  4 17:13 f1
```

图 7-16

2. 重定向标准输入

与重定向标准输出一样,也可以重定向标准输入。通过重定向标准输入符号(<)可以使 Shell 将命令的输入重定向到来自指定的文件,而不是键盘。重定向输入的命令行格

式为：

```
command [arguments]< filename
```

其中，command 为可执行程序（如应用程序或者实用程序），arguments 是可选参数，filename 是 Shell 要重定向输入来自的普通文件。

例如，在 Shell 提示符下，使用如下命令统计当前目录 exec1 行数、单词数和字符数，并在屏幕上显示出来。

```
[wyp@localhost wyp] $ wc < exec1
```

其实，在 wc 命令后直接给出需要统计的文件名，显示同样的结果，如图 7-17 所示。

```
[wyp@localhost wyp]$ wc exec1
     11      17     346 exec1
[wyp@localhost wyp]$ wc < exec1
     11      17     346
```

图 7-17

3. 避免重写文件

在 bash Shell 中，提供了一种 noclobber 的选项，可以用来设定以防止在重定向的过程中覆盖已存在的文件。此功能通过在命令行中使用“set -o noclobber”来实现。其中“o”代表选项。若要撤销此功能，则用“set＋o noclobber”来实现。例如如图 7-18 所示，首先启用 noclobber 功能，然后将当前目录的文件长格式信息重定向到文件 homedir. list，由于此文件已存在，故显示出错信息。

```
[wyp@localhost wyp]$ set -o noclobber
[wyp@localhost wyp]$ ls -l > homedir.list
bash: homedir.list: cannot overwrite existing file
[wyp@localhost wyp]$
```

图 7-18

若在重定向输出符号后面添加管道符号（|），即使用组合符号“＞|”可以重写 noclobber 的设置。例如将图 7-18 的第二条命令改为 ls -l＞|homedir. list，则可以正常执行，将已存在的文件覆盖。

4. 向文件追加标准输出

使用追加输出符号（＞＞）可以向某个文件末尾添加新的信息，并且不改变已有信息。该符号简化了将两个文件合并到一个文件的操作。当文件不存在的时候，这个选项会创建一个新文件。

例如，要求在 Shell 提示符下，输入命令，显示“file end”一行字，并使用重定向符号截获输出，把它存到 homedir. list 文件的末尾。命令如下所示：

```
[wyp@localhost wyp] $ echo file end >> homedir.list
```

最后用 cat 显示 homedir. list 文件中的内容，如图 7-19 所示。

5. 输出标准错误

使用标准错误符号（2＞）可以使 Shell 将命令的标准错误输出重定向到指定的文件，而不是屏幕。

例如，在 Shell 提示符下，输入命令“cat exec exec1 ＞stdoutput 2＞stderror”，其中文件 exec 不存在，exec1 存在，命令实现将标准输出和标准错误分别重定向到 stdoutput 文件和 stderror 文件，具体执行结果如图 7-20 所示。

```
[wyp@localhost wyp]$ echo file end>>homedir.list
[wyp@localhost wyp]$ cat homedir.list
总用量 240
 -rw-r--r--    1 root     root          0 10月  9 23:11 a
 -r---w---x    1 root     root          0  6月  4 21:27 a1
...
drwx------    2 root     root       4096  6月  4 10:35 test1
-rw-r--r--    1 root     root        219  6月  4 16:00 test2
-rw-rw-r--    1 wyp      wyp          30 11月 27 03:01 wctest
-rw-rw-r--    1 wyp      wyp        4830  5月 31 09:49 ww.sxw
file end
[wyp@localhost wyp]$
```

图 7-19

```
[wyp@localhost wyp]$ cat exec exec1>stdoutput 2>stderror
[wyp@localhost wyp]$ cat stdoutput stderror
whis present economic system of production,distribution and consumption c
AFJFJJJJJJJJJJJJJJJJJJJJJJJJJJJJJJJJJJJJJJJJJJJJJJJJJJJJJJJJJJJJJJJJJJJJJJJJ

AFJFJJJJJJJJJJJJJJJJJJJJJJJJJJJJJJJJJJJJJJJJJJJJJJJJJJJJJJJJJJJJJJJJJJJJJJJ
        fjdksafjdsla;kf
lslkafu9eirlkenrfeklwbv
FDS
{
printf;
k
cat: exec: 没有那个文件或目录
[wyp@localhost wyp]$
```

图 7-20

同样也可以使用符号“>&”将标准输出和标准错误合并输出到一个文件，如图 7-21 所示。

```
[wyp@localhost wyp]$ cat exec exec1 >& std
[wyp@localhost wyp]$ cat std
cat: exec: 没有那个文件或目录
whis present economic system of production,distributio
AFJFJJJJJJJJJJJJJJJJJJJJJJJJJJJJJJJJJJJJJJJJJJJJJJJJJJJ

AFJFJJJJJJJJJJJJJJJJJJJJJJJJJJJJJJJJJJJJJJJJJJJJJJJJJJJ
        fjdksafjdsla;kf
lslkafu9eirlkenrfeklwbv
FDS
{
printf;
k
[wyp@localhost wyp]$
```

图 7-21

本章小结

本章首先通过一个简单的 Shell 程序，引出 Shell 程序的执行方法和调试方法，接着详细介绍 Shell 程序中的控制结构：if，for，while，untile 以及 case 语句，通过这些条件和循环结构，控制程序和执行流程，结合 test 命令，可以组合多个表达式，以满足更复杂的程序创建；最后介绍输入输出的重定向和管道，它可以让 Shell 重定向命令的标准输入和输出来自或发送任何文件和设备，使用管道可以将某个命令的标准输出与另一个命令的标准输入连接起来。

习 题

1. 编写 Shell 程序文件 sht1,求两个数 18 和 38 之和。

2. 编写 Shell 程序文件 sht2,存放在当前目录下,程序功能要求如下:

(1) 清屏;

(2) 当程序运行时,屏幕显示如下形式的信息。

```
*****************************
* Hello World! … *
*****************************
```

3. 编写一个 Shell 脚本 sht3,输出正在执行的 Shell 名称。

4. 编写 Shell 程序文件 sht4,存放在当前目录下,程序功能要求如下:

用 for 命令结构实现,检查当前目录下文件 f1、f2、f3、f4、f5,若长度为零则删除它(删除时,不需要用户确认)。

5. 编写 Shell 程序文件 sht5,存放在当前目录下,程序功能要求如下:

(1) 检查 fd0 盘根目录下,是否存在文件 fd0tree,存在则删除它;

(2) 用一条命令,在 fd0 盘根目录下建立名为 temp0、temp1、…、tmep9 的十个子目录;

(3) 以 fd0 盘根目录为起点的目录树图形结构组成一个可观察文件 fd0tree,存放到 fd0 盘的根目录中;

(4) 用一条命令,将 fd0 盘根目录下的 temp0、temp1、…、temp9 十个子目录删除;

(5) 将以 fd0 盘根目录为起点的目录树图形结构,添加到 fd0 盘根目录下文件 fd0tree 的尾部。

6. 编写 Shell 程序文件 sht6,存放在当前目录下,程序功能要求如下:

运行程序 sht4 时带一个正整数参数,如果该正整数大于等于 1 但小于等于 5,则在屏幕上显示信息“Value is not more than 5 and not less than 1.”;如果该参数大于 5,则在屏幕上显示信息“Value is more than 5.”。

7. 编写 Shell 程序文件 sht7 和 sub1,存放在当前目录下,完成如下功能:

sht5 作为 Shell 程序文件的主文件,sub1 作为 Shell 程序文件的子文件,由 sht5 调用 sub1 完成自动在 fd0 盘根目录下建立 USER00、USER01、…、USER99 一百个子目录。

8. 编写 Shell 程序文件 sht8,当以命令“sht8 xx yy”执行 Shell 程序时(其中,xx 为年份参数,yy 为季度参数),能自动清屏,并显示指定年份指定季度中的三个月的月历。请用 if 和 case 两种结构来实现。

9. 用 while 和 until 语句编写程序 sht9 和 sht10,计算“1+2+3…+100”的值;注意区分 while 和 until 语句的差别。

10. 分析下列 Shell 程序 sht11 的运行功能:

```
read -n1 -p "do you want to continue[Y/N]?" answer
case $answer in
Y|y)
```

```
        echo "fine,continue";;
    N|n)
        echo "ok,good bye";;
    *)
        echo "error choice";;
  esac
  exit 0
```

11. 使用管道符号和 tee 命令实现将文件/etc/passwd 内容即显示在屏幕上，同时又输出到另一个文件 file4 中。请写出命令及运行结果。

12. 使用管道实现，统计出 ls -l 显示当前目录列表中有多少行、字数、词数。请写出命令及运行结果。

13. 找出 info 文件并将结果输出到 info.out 文件中，将错误输出到 info.error 文件中。即从屏幕上看不到任何输出，分别查看两个文件的内容。请写出命令及运行结果。

14. 通过重定向命令截获 cal -y 命令的输出，把它存到名为 calendar 的文件中，并查看文件的内容。请写出命令及运行结果。通过重定向命令截获 cal 2010 命令的输出，把它存到名为 calendar 的文件中。查看文件的内容，看 calendar 文件发生什么变化？若不能重写已有文件 calendar，则使用什么命令进行设置？

15. 显示"happy birthday"一行字，并使用重定向符号截获输出，把它存到 bday 文件中，使用什么命令？显示"to you"一行字，使用双重定向符号，把输出追加到 bday 文件中，使用什么命令？

16. 显示/etc/passwd 内容，并以";"来分隔，以字符形式来排序第三栏。

第8章 Linux 下 C 程序实践

在 Linux 平台下，可用任意一个文本编辑工具编辑源代码，这里使用 vim 编辑器输入 C 源程序代码。

8.1 GCC 编译器

GCC 是 Linux 平台下最重要的开发工具，它是 GNU 的 C 和 C++ 编译器，其基本用法为：

```
gcc [options] [filenames]
```

options 为编译选项，GCC 总共提供的编译选项超过 100 个，但只有少数几个会被频繁使用，仅对几个常用选项进行介绍。

假设编译一输出“Hello World”的程序：

```
/* Filename:helloworld.c */
main()
{
  printf("Hello World"n");
}
```

最简单的编译方法是不指定任何编译选项：

```
gcc helloworld.c
```

它会为目标程序生成默认的文件名 a.out，可用-o 编译选项来为将产生的可执行文件指定一个文件名来代替 a.out。例如，将上述名为 helloworld.c 的 C 程序编译为名叫 helloworld 的可执行文件，需要输入如下命令：

```
gcc - o helloworld helloworld.c
```

编译选项说明如下。

-c 选项告诉 GCC 仅把源代码编译为目标代码而跳过汇编和连接的步骤。

-S 编译选项告诉 GCC 在为 C 代码产生了汇编语言文件后停止编译。GCC 产生的汇编语言文件的缺省扩展名是.s。上述程序运行如下命令：

```
gcc - S helloworld.c
```

-E 选项指示编译器仅对输入文件进行预处理。当这个选项被使用时，预处理器的输出被送到标准输出(默认为屏幕)而不是存储在文件里。

-O 选项告诉 GCC 对源代码进行基本优化从而使得程序执行得更快；而-O2 选项告诉 GCC 产生尽可能小和尽可能快的代码。使用-O2 选项编译的速度比使用-O 时慢,但产生的代码执行速度会更快。

-g 选项告诉 GCC 产生能被 GNU 调试器使用的调试信息以便调试程序,幸运的是,在 GCC 里,能联用-g 和-O (产生优化代码)。

-pg 选项告诉 GCC 在程序里加入额外的代码,执行时,产生 gprof 用的剖析信息以显示程序的耗时情况。

8.2 GDB 调试器

GCC 用于编译程序,而 Linux 的另一个 GNU 工具 GDB 则用于调试程序。GDB 是一个用来调试 C 和 C++程序的强力调试器,能通过它进行一系列调试工作,包括设置断点、观查变量、单步等。

其最常用的命令如下。其他命令如表 8-1 所示。

表 8-1

命 令	功 能
r(或 run)	运行程序
p ＜变量＞(或 print ＜变量＞)	显示变量内容
p &＜变量＞(或 print &＜变量＞)	显示变量地址
set ＜变量＞=＜值＞	对变量赋值
where	显示函数的调用情况及使用的参数
info locals	显示已定义的变量和参数
l ＜行号＞(或 list ＜行号＞)	显示指定行号开始的源代码
l ＜函数＞(或 list ＜函数＞)	显示函数中的源代码
l ＜数字＞,＜数字＞(或 list ＜数字＞ ＜数字＞)	显示指定行号范围内的源代码
n 和 s(或 next 和 step)	单步执行程序
c(或 cont)	继续执行程序
b(或 break)	在当前行设置断点
b ＜行号＞(或 break ＜行号＞)	在指定的行设置断点
b ＜函数＞(或 break ＜函数＞)	在指定函数的第一行设置断点
info break	列出所有的断点
d(或 delete)	删除所有断点
d ＜数字＞	删除指定断点号的断点

file：装入想要调试的可执行文件。

kill：终止正在调试的程序。

list：列表显示源代码。

next：执行一行源代码但不进入函数内部。

step：执行一行源代码而且进入函数内部。

run：执行当前被调试的程序。

quit：终止 GDB。

watch：监视一个变量的值。

break：在代码里设置断点，程序执行到这里时挂起。

make：不退出 GDB 而重新产生可执行文件。

shell：不离开 GDB 而执行 shell。

下面来演示怎样用 GDB 来调试一个求 0+1+2+3+…+99 的程序。

```
/* Filename:sum.c */
main()
{
int i, sum;
sum = 0;
for (i = 0; i < 100; i++)
{
sum + = i;
}
printf("the sum of 1 + 2 + … + is %d", sum);
}
```

执行如下命令编译 sum.c(加-g 选项产生 debug 信息)：

```
gcc -g -o sum sum.c
```

在命令行上输入“gdb sum”并按 Enter 键就可以开始调试 sum 了，再运行“run”命令执行 sum。

1. list 命令

list 命令用于列出源代码，对上述程序两次运行 list，将出现如下(源代码被标行号)：

```
    (gdb) list
1  main()
2  {
3  inti,sum;
4  sum = 0;
5  for(i = 0;i < 100;i++)
6  {
7  sum += i;
8  }
9  printf("thesumof1 + 2 + … + 100is %d",sum);
10 }
```

根据列出的源程序，如果将断点设置在第 4 行，只需在 gdb 命令行提示符下输入如下命令设置断点：(gdb)break4，执行情况如下所示：

```
(gdb)break4
Breakpoint 1 at 0x80483ed: filesum.c, line4.
```

这个时候再 run，程序会停止在第 4 行，执行情况如下：

```
(gdb)run
Starting program:/home/yc/sum
Breakpoint1,main()atsum.c:4
4  sum = 0;
```

设置断点的另一种语法是 break＜function＞，它在进入指定函数（function）时停住。

相反地，clear 用于清除所有的已定义的断点，clear ＜function＞清除设置在函数上的断点，clear ＜linenum＞则清除设置在指定行上的断点。

watch 命令用于观察变量或表达式的值，我们观察 sum 变量只需要运行"watch sum"。

watch ＜expr＞为表达式（变量）expr 设置一个观察点，一旦表达式值有变化时，程序会停止执行。

要观察当前设置的 watch，可以使用"info watchpoints"命令。

next、step 用于单步执行。在执行的过程中，被 watch 的变量的变化情况将实时呈现（分别显示 Old value 和 New value）。

next、step 命令的区别在于，step 遇到函数调用时，会跳转到该函数定义的开始行去执行，而 next 则不进入到函数内部，它把函数调用语句当作一条普通语句执行。

2. Make 命令

make 是所有想在 Linux 系统上编程的用户必须掌握的工具，对于任何稍具规模的程序，都会使用到 make，几乎可以说不使用 make 的程序不具备任何实用价值。

在此，有必要解释编译和连接的区别。编译器使用源码文件来产生某种形式的目标文件（object files），在编译过程中，外部的符号参考并没有被解释或替换（即外部全局变量和函数并没有被找到）。因此，在编译阶段所报的错误一般都是语法错误。而连接器则用于连接目标文件和程序包，生成一个可执行程序。在连接阶段，一个目标文件中对别的文件中的符号的参考被解释，如果有符号不能找到，会报告连接错误。

编译和连接的一般步骤是：第一阶段把源文件一个一个地编译成目标文件，第二阶段把所有的目标文件加上需要的程序包连接成一个可执行文件。需要使用大量的 GCC 命令。

而 make 则使从大量源文件的编译和连接工作中解放出来，综合为一步完成。GNU make 的主要工作是读进一个文本文件，称为 makefile。这个文件记录了哪些文件（目的文件，目的文件不一定是最后的可执行程序，它可以是任何一种文件）由哪些文件（依靠文件）产生，用什么命令来产生。make 依靠此 makefile 中的信息检查磁盘上的文件，如果目的文件的创建或修改时间比它的一个依靠文件旧的话，make 就执行相应的命令，以便更新目的文件。

假设写下如下的三个文件，add. h 用于声明 add 函数，add. c 提供两个整数相加的函数体，而 main. c 中调用 add 函数。

```
/* filename:add.h */
extern int add(int i, int j);
/* filename:add.c */
int add(int i, int j)
{
return i + j;
};
/* filename:main.c */
#include "add.h"
main()
{
int a, b;
```

```
a=2;
b=3;
printf("the sum of a+b is %d", add(a+b));
};
```

怎样为上述三个文件产生 makefile 呢？命令如下：

```
test : main.o add.o
gcc main.o add.o -o test
main.o : main.c add.h
gcc -c main.c -o main.o
add.o : add.c add.h
gcc -c add.c -o add.o
----------------------
```

（注意分隔符为 Tab 键）

上述 makefile 利用 add.c 和 add.h 文件执行“gcc -c add.c -o add.o”命令产生 add.o 目标代码，利用 main.c 和 add.h 文件执行“gcc -c main.c -o main.o”命令产生 main.o 目标代码，最后利用 main.o 和 add.o 文件(两个模块的目标代码)执行“gcc main.o add.o -o test”命令产生可执行文件 test。

我们可在 makefile 中加入变量，另外，环境变量在 make 过程中也被解释成 make 的变量。这些变量是大小写敏感的，一般使用大写字母。make 变量可以做很多事情，例如：

(1) 存储一个文件名列表；

(2) 存储可执行文件名；

(3) 存储编译器选项。

要定义一个变量，只需要在一行的开始写下这个变量的名字，后面跟一个“=”，再跟变量的值。引用变量的方法是写一个“$”符号，后面跟“(变量名)”。把前面的 makefile 利用变量重写一遍(并假设使用-Wall -O -g 编译选项)：

```
OBJS = main.o add.o
CC = gcc
CFLAGS = -Wall -O -g
test : $(OBJS)
$(CC) $(OBJS) -o test
main.o : main.c add.h
$(CC) $(CFLAGS) -c main.c -o main.o
add.o : add.c add.h
$(CC) $(CFLAGS) -c add.c -o add.o
```

makefile 中还可定义清除(clean)目标，可用来清除编译过程中产生的中间文件。例如在上述 makefile 文件中添加下列代码：

```
clean:
rm -f *.o
```

运行 make clean 时，将执行“rm -f *.o”命令，删除所有编译过程中产生的中间文件。利用扬声器发声的频率，让扬声器唱歌。

1. 音调的制作简介

中央 C 的频率为 523.3,D 为 587.3,E 为 659.3,F 为 698.5,G 为 784.0 ……,综合如表 8-2 所示。

表 8-2

音阶	频率	音阶	频率	音阶	频率
C0	262	C	523	C1	1047
C0 #	277	C#	554	C1 #	1109
D0	294	D	587	D1	1175
D0 #	311	D#	622	D1 #	1245
E0	330	E	659	E1	1319
F0	349	F	698	F1	1397
F0 #	370	F#	740	F1 #	1480
G0	392	G	784	G1	1568
G0 #	415	G#	831	G1 #	1661
A0	440	A	880	A1	1760
A0 #	466	A#	932	A1 #	1865
B0	497	B	988	B1	1976

2. 实例扬声器唱歌

小蜜蜂歌谱

| 5 33 | 4 22 | 12 34 | 55 5 |

| 5 33 | 4 22 | 13 55 | 1— |

| 11 11 | 1 23 | 33 33 | 34 5 |

| 5 33 | 4 2 | 13 55 | 1 — |

说明:

① 半音的音长为 250 毫秒。

② 全音的音长为 500 毫秒。

③ 二拍的音长为 1000 毫秒。

本章小结

本章主要介绍了如下内容。

1. 源程序的编辑

Linux 中,C 源程序可使用 Linux 的编辑器 vim 或 Emacs 进行编写。

2. 源程序的编译

在 Linux 中,GCC(GNU C Compiler)是 C、C++、Objective C 源程序的编译器,GCC 编译 C 源程序并生成可执行文件要经过以下四步。

1) 预处理

GCC 编译器调用 cpp 程序,对各种命令如 #define、#include、#if 进行分析。

2) 编译

GCC 编译器调用 ccl 程序,根据输入文件产生中间文件。

3）汇编

GCC 编译器调用 as 程序，用中间文件作为输入产生以 o 作为类型名的目标文件。

4）连接

GCC 编译器调用 ld 程序，将各目标程序组合于可执行文件中的适当位置，这一程序引用的函数也放在可执行文件中。

GCC 编译器的命令格式如下：

```
gcc [options] [filename]…
```

常用选项的说明如下。

-c：对源程序进行预处理、编译，产生目标文件，但不进行连接。

-o <文件名>：定义输出的执行文件名为<文件名>。

-S：在编译后停止，产生类型名为 s 的汇编代码文件，不生成中间文件。

-E：在预处理后停止，输出预处理后的源代码至标准输出，不进行编译。

-O：对程序编译进行优化，减少被编译程序的长度和执行时间，但此时的编译速度比不作优化慢且要求较多的内存。

-g：产生一张用于调试和排错的扩展符号表，此选项使程序可用 GDB 进行调试。

-lobjc：可用于连接类型名为 o 的目标文件生成可执行文件。

3. 程序的运行

经调试排错后的目标程序即可正常运行，并产生应有的正确结果。运行目标程序的方法是在 Shell 提示符下，输入目标程序的绝对路径和目标程序名。

习　　题

1. 建立 C 源程序文件 star. c，程序内容如下：

```
main()
{
  int i = 0;
  do{
    printf (" * ");
    ++i;
 }while (i<10);
  printf ("\n");
}
```

2. 编译程序 star. c，其目标程序以 star 命名且可用 GDB 进行调试。

3. 使用 GDB 调试工具监视程序执行。

4. 实例：

(1) 建立 C 源程序 p1. c；

(2) 用 GCC 编译器编译该程序，其目标程序以 p1 命名且可用 GDB 进行调试；

(3) 试运行该程序，用 GDB 对该程序进行调试，直至产生图 8-1 所示的执行结果；

```
      *
    * * *
  * * * * *
* * * * * * *
  * * * * *
    * * *
      *
```

(4) 编写程序 p2,当执行命令“p2 file1 file2”,实现复制文件 file1 成 file2。

5. Linux 设备编程。

利用扬声器发声的频率,让扬声器唱歌。

(1) 音调的制作简介

中央 C 的频率为 523.3,D 为 587.3,E 为 659.3,F 为 698.5,G 为 784.0……,综合如表 8-3 所示。

表 8-3

音阶	频率	音阶	频率	音阶	频率
C0	262	C	523	C1	1047
C0#	277	C#	554	C1#	1109
D0	294	D	587	D1	1175
D0#	311	D#	622	D1#	1245
E0	330	E	659	E1	1319
F0	349	F	698	F1	1397
F0#	370	F#	740	F1#	1480
G0	392	G	784	G1	1568
G0#	415	G#	831	G1#	1661
A0	440	A	880	A1	1760
A0#	466	A#	932	A1#	1865
B0	497	B	988	B1	1976

(2) 实例扬声器唱歌

小蜜蜂歌谱

| 5 33 | 4 22 | 12 34 | 55 5 |

| 5 33 | 4 22 | 13 55 | 1— |

| 11 11 | 1 23 | 33 33 | 34 5 |

| 5 33 | 4 22 | 13 55 | 1 —|

说明:

① 半音的音长为 250 毫秒。

② 全音的音长为 500 毫秒。

③ 二拍的音长为 1000 毫秒。

第9章 Linux 系统管理

在本章中，将简单介绍 Linux 系统管理的有关内容。在 Linux 系统中，所有的数据都以文件形式进行管理，本章中将介绍 Linux 系统中文件打包、压缩和解压缩的常用方法。此外介绍 Linux 系统下软件包的安装以及管理方法，包括源代码软件包和二进制软件包。

9.1 数据的管理

在 Linux 系统中，数据的管理主要指文件的管理，数据都以文件的形式进行管理。在介绍文件数据的管理之前，首先弄清楚两个概念：打包和压缩。打包是指将一大堆文件或目录变成一个总的文件；压缩则是将一个大的文件通过一些压缩算法变成一个小文件。由于在 Linux 中很多压缩程序只能针对一个文件进行压缩，因此当要压缩很多文件时，首先需要将所有文件先打成一个包，然后用压缩程序进行压缩。

压缩减少文件大小有两个明显的好处：一是可以减少存储空间；二是通过网络传输文件时，可以减少传输的时间。Linux 提供的压缩/解压缩命令有：gzip/gunzip、bzip2/bunzip2、zip/unzip 等，如表 9-1 所示。

表 9-1

压缩工具	文件扩展名	解压工具
gzip	.gz	gunzip
bzip2	.bz2	bunzip2
zip	.zip	unzip

9.1.1 gzip 与 bzip

1. gzip 和 gunzip 命令的使用

gzip 是在 Linux 系统中经常使用的一个对文件进行压缩和解压缩的命令，它对文本文件有 60%～70%的压缩率。在缺省的状态下，gzip 会压缩文件，再加上一个.gz 的扩展名，然后删除掉原来的文件。

gzip 常用的格式如下：

```
gzip [选项] 被压缩文件
```

gzip 常用的参数及含义如表 9-2 所示。

表 9-2

参数	含 义
-c	将输出写到标准输出上,并保留原有文件
-d	将压缩文件解压,相当于使用 gunzip 命令
-l	对每个压缩文件,显示下列信息,如压缩文件的大小、原文件的大小、压缩比、原文件的名字
-r	递归式地查找指定目录压缩其中的所有文件或者解压缩所有的文件
-t	测试,用于检查压缩文件是否完整
-v	对每一个压缩和解压缩的文件,显示文件名和压缩比
-num	用指定的数字 num 调整压缩的速度,-1 或--fast 表示最快压缩方法,-9 或--best 表示最慢压缩方法。系统缺省值为 6

gunzip 命令不但可以解压缩.gz 格式的压缩文件,也可以解压缩 zip、compress 等命令压缩的文件。由于 gunzip 是 gzip 命令的硬连接,因此无论是压缩或解压缩,都可通过 gzip 指令单独完成。

gunzip 命令的格式如下:

```
gunzip [选项] 压缩文件
```

gunzip 命令的各个选项的含义与 gzip 命令相同,这里就不再介绍。

例 9.1 压缩/root 目录中的所有文件,然后解压缩。

分析:使用 gzip 命令压缩/root 中的文件,然后使用 ls 命令查看此时目录中的文件信息,如图 9-1 所示。然后使用 gunzip 命令解压缩,完成后用 ls 命令查看目录中的文件信息,如图 9-2 所示。

图 9-1

```
#gzip -r *
#ls
#gunzip -r *
#ls
```

```
root@localhost:~
文件(F) 编辑(E) 查看(V) 终端(T) 转到(G) 帮助(H)
[root@localhost root]# ls
anaconda-ks.cfg install.log install.log.syslog
[root@localhost root]# gzip -r *
[root@localhost root]# ls
anaconda-ks.cfg.gz install.log.gz install.log.syslog.gz
[root@localhost root]# gunzip -r *
[root@localhost root]# ls
anaconda-ks.cfg install.log install.log.syslog
[root@localhost root]#
```

图 9-2

例 9.2 在目录/home 下有文件 readme.txt、sort.txt、aa.txt。

(1) 把/home 目录下的每个文件压缩成.gz 文件。

(2) 详细显示目录中每个压缩文件的信息。

(3) 使用 gzip 命令为每个压缩的文件解压,并列出文件的文件名和压缩比信息。

(4) 检查压缩文件 aa.txt.gz 的完整性。

分析:

(1) 首先切换到/home 目录,然后使用 ls 命令查看命令执行的结果。

```
#cd /home
#gzip *
#ls
aa.txt.gz  readme.txt.gz  sort.txt.gz
```

(2) 使用参数-l 可以查看所有压缩文件的详细信息。

```
#gzip -l *
compressed  uncompressed  ratio    uncompressed_name
79          92            41.3%    aa.txt
90          75            18.7%    readme.txt
85          70            17.1%    sort.txt
254         237            4.2%    (totals)
```

(3) 使用参数-d 可以实现解压缩文件的功能,使用参数-v 可以列出每个压缩文件的文件名和压缩比。

```
# gzip -dv *
aa.txt.gz:              41.3% ----- replaced with aa.txt
readme.txt.gz:          18.7% ----- replaced with readme.txt
sort.txt.gz:            17.1% ----- replaced with sort.txt
#ls
aa.txt   readme.txt   sort.txt
```

(4) 使用参数-t 可以检查压缩文件的完整性,但不会给出任何提示。使用参数-tv,会显示 OK 的结果。

```
#gzip -t aa.txt.gz
#gzip -tv aa.txt.gz
aa.txt.gz  OK
```

2. bzip2 命令的使用

bzip2 是 Linux 系统中的另一个工具,bzip2 采用新压缩算法,它的压缩算法不同于 gzip,与 gzip 相比有其优点,也有一些缺点。bzip2 的主要优点在于它压缩后文件的大小,对于相同文件,bzip2 压缩后几乎总是小于 gzip 的压缩效果。bzip2 的缺点在于它占用更多的 CPU 资源。与 gzip 命令一样,在默认设置下压缩文件的后缀为 bz2,并在压缩完文件后删除原始文件。

bzip2 命令的常用语法格式如下:

```
bzip2  [选项]  被压缩的文件
```

bzip2 常用的参数及含义如表 9-3 所示。

表 9-3

参数	含义
-c	将压缩和解压缩结果送到标准输出
-d	解压缩文件,相当于使用 bunzip2 命令
-f	压缩或解压缩时,若输出文件与现有文件同名,默认设置下不覆盖现有文件。若要覆盖,则会强制覆盖现有文件
-k	压缩或解压缩后,会删除原始的文件。若要保留原始文件,则使用该参数
-s	降低程序执行时,内存的使用量
-t	测试.bz2 压缩文件的完整性
-v	压缩或解压缩文件时,显示详细的信息
--repetitive-best	若文件中有重复出现的资料时可利用此参数提高压缩效果
--repetitive-fast	若文件中有重复出现的资料时可利用此参数加快执行速度
--num	用指定的数字 num 调整压缩的速度,-1 或--fast 表示最快压缩方法,-9 或--best 表示最慢压缩方法

bunzip2 命令可以解压缩.bz2 格式的压缩文件。由于 bunzip2 是 bzip2 命令的硬连接,因此无论是压缩或解压缩,都可通过 bzip2 指令单独完成。bunzip2 命令常用的格式如下:

```
bunzip2 [选项] 需解压文件
```

bunzip2 常用的参数及含义如表 9-4 所示。

表 9-4

参数	含义
-f	解压缩时,若输出的文件与现有文件同名时强制覆盖现有文件
-k	解压缩后,默认会删除原来的压缩文件。使用该参数可以保留压缩文件
-s	降低程序执行时,内存的使用量
-v	解压缩文件时,显示详细的信息

例 9.3 切换到/root 目录,执行如下操作:

(1) 把/home 目录下的所有文件压缩成.bz2 文件;

(2) 解压所有压缩的文件;

(3) 重新压缩所有文件,并将压缩的结果输出;

(4) 验证压缩文件的完整性。

分析:

(1) 使用 bzip2 命令压缩/root 中的文件,然后使用 ls 命令查看此时目录中的文件信息,如图 9-3 所示。

```
#bzip2 *
#ls
```

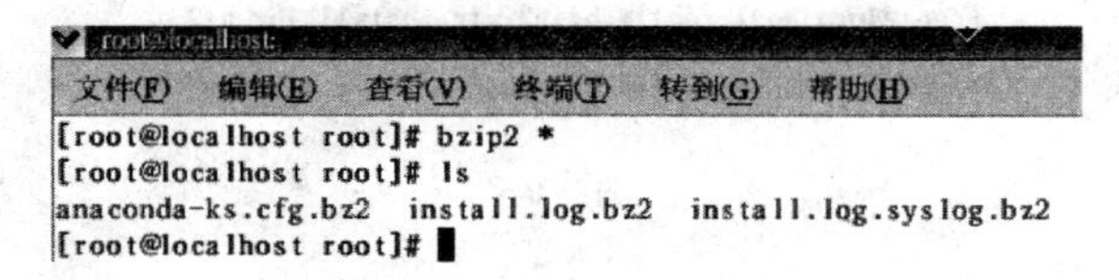

图 9-3

（2）可以使用 bunzip2 命令解压缩，完成后用 ls 命令查看目录中的文件信息，如图 9-4 所示。或者单独使用 bzip2 命令完成，如图 9-5 所示。

```
# bunzip2 *
# ls
#bzip2 -d *
#ls
```

```
root@localhost:
文件(F)  编辑(E)  查看(V)  终端(T)  转到(G)  帮助(H)
[root@localhost root]# bzip2 *
[root@localhost root]# ls
anaconda-ks.cfg.bz2  install.log.bz2  install.log.syslog.bz2
[root@localhost root]# bunzip2 *
[root@localhost root]# ls
anaconda-ks.cfg  install.log  install.log.syslog
[root@localhost root]#
```

图 9-4

```
root@localhost:
文件(F)  编辑(E)  查看(V)  终端(T)  转到(G)  帮助(H)
[root@localhost root]# bzip2 *
[root@localhost root]# ls
anaconda-ks.cfg.bz2  install.log.bz2  install.log.syslog.bz2
[root@localhost root]# bzip2 -d *
[root@localhost root]# ls
anaconda-ks.cfg  install.log  install.log.syslog
[root@localhost root]#
```

图 9-5

（3）使用 bzip2 -v 实现压缩的同时显示压缩文件的详细信息，执行结果如图 9-6 所示。

```
# bzip2 -v *
# ls
```

```
[root@localhost root]# bzip2 -v *
  anaconda-ks.cfg:    1.455:1,  5.499 bits/byte, 31.26% saved, 966 in, 664 out.
  install.log:        5.097:1,  1.570 bits/byte, 80.38% saved, 49492 in, 9710 o
ut.
  install.log.syslog:  4.176:1,  1.916 bits/byte, 76.05% saved, 7112 in, 1703 ou
t.
[root@localhost root]#
```

图 9-6

（4）使用参数-t 可以检查压缩文件的完整性，但不会给出任何提示。使用参数-tv，会显示 OK 的结果。执行过程如图 9-7 所示。

```
#bzip2 -t install.log.bz2
#bzip2 -tv install.log.bz2
```

```
[root@localhost root]# bzip2 -t install.log.bz2
[root@localhost root]# bzip2 -tv install.log.bz2
  install.log.bz2: ok
[root@localhost root]#
```

图 9-7

9.1.2 tar 使用

计算机中的数据经常需要备份，tar 是 Linux 中最常用的备份工具，也称为打包工具。此命令可以将一系列文件归档到一个大文件中，这样便于集中处理，如压缩和解压缩、移动等，也可以把档案文件解开以恢复数据。此外，tar 命令还可用于压缩和解压缩文件。在 Linux 中常见的包文件后缀有如下几种。

.tar　表示使用 tar 程序打包的数据，但没有压缩过。

.tar. gz　表示使用 tar 程序打包的文件，并且经过 gzip 压缩。

.tar. bz2　表示使用 tar 程序打包的文件，并且经过 bzip2 压缩。

1. 文件归档

tar 用于将文件进行归档，即将一系列的文件归档到一个文件中，需要时也可以将归档的文件解开，归档之后的大小和原来一样，其格式如下：

```
tar [参数] 打包文件名 文件
```

注意：tar 命令很特殊，其参数前面可以使用"-"，也可以不使用。

常用参数及其含义如表 9-5 所示。

表 9-5

参　数	含　义
-c	生成档案文件
-C	切换到指定的目录
-v	列出归档解档的详细过程
-f	指定档案文件名称
-r	将文件追加到档案末尾
-t	列出档案中包含的文件
-z	以.gz 格式压缩或解压缩档案中的文件
-j	以.bz2 格式压缩或解压缩档案文件
-d	比较档案与当前目录中的文件之间的差异
-x	解开档案文件

例 9.4　使用 tar 命令将/home 目录中的所有文件打包到 homebak. tar 中。

分析：使用 cd 命令进入/home 目录下，在没有使用-C 指定目录的情况下，打包的档案文件 homebak. tar 默认存放在当前用户所在的/home 目录下，打包后的档案文件包含/home 目录下的所有文件。使用归档命令 tar 打包，执行过程如图 9-8 所示。

```
#cd /home
#tar cvf homebak.tar  /home
```

2. tar 的压缩和解压缩功能

为了节省存储空间或减少网络传输时间，许多文件都要进行压缩，形成压缩文件，例如 test. tar. gz 或者 test. tar. bz2 文件。tar 命令也提供了压缩与解压缩的功能。在 tar 命令中的参数-z 和-j 用于压缩文件，前者为以 gzip 格式压缩，后者则以 bzip2 格式压缩。需要引起注意的是，tar 的压缩和解压缩功能必须与归档功能一起使用，即-z 参数和-j 参数必须与-c

```
[root@localhost root]# cd /home
[root@localhost home]# tar cvf homebak.tar /home
tar: Removing leading `/' from member names
home/
home/xxh/
home/xxh/.kde/
home/xxh/.kde/Autostart/
home/xxh/.kde/Autostart/Autorun.desktop
home/xxh/.kde/Autostart/.directory
home/xxh/.canna
home/xxh/.bash_logout
home/xxh/.bash_profile
home/xxh/.bashrc
home/xxh/.emacs
home/xxh/.gtkrc
home/xxh/.xemacs/
home/xxh/.xemacs/init.el
home/xxh/.zshrc
home/readme.txt
tar: /home/homebak.tar: file is the archive; not dumped
home/aa.txt
home/sort.txt
[root@localhost home]# █
```

图 9-8

参数一起使用。

例 9.5 把/root 目录下包括它的子目录全部做备份文件并进行压缩，备份文件名为 rootbak.tar.gz。

分析：使用-c 参数创建一个档案文件，使用-z 创建一个.gz 格式的压缩档案文件，-f 指定文件名。再使用 ls 命令查看打包文件的情况。执行过程如图 9-9 所示。

```
# tar  czf  rootbak.tar.gz  /root
# ls
```

```
[root@localhost root]# tar czf rootbak.tar.gz /root
tar: Removing leading `/' from member names
[root@localhost root]# ls
anaconda-ks.cfg.bz2  install.log.bz2  install.log.syslog.bz2  rootbak.tar.gz
[root@localhost root]#
```

图 9-9

例 9.6 将 rootbak.tar.gz 文件还原并解压缩。

分析：使用-x 参数可以解开一个档案文件，-z 表示解压文件的格式为.gz 文件，-f 指定档案文件名。再使用 ls 命令查看还原打包文件的情况，出现了一个名为 root 的目录，root 目录中是原来打包的/root 中的所有文件。执行过程如图 9-10 所示。

```
# tar  xzvf  usr.tar.gz
# cd root
# ls
```

```
[root@localhost root]# tar xzf rootbak.tar.gz
[root@localhost root]# ls
anaconda-ks.cfg.bz2  install.log.bz2  install.log.syslog.bz2  root  rootbak.tar.gz
[root@localhost root]# █
```

图 9-10

例 9.7 切换到/home 目录，查看包文件 homebak. tar 的内容。

分析：使用 cd /home 命令切换当前目录，使用-t 参数可以查看归档文件的内容。执行过程如图 9-11 所示。

```
# cd /home
# tar - tvf rootbak.tar
```

```
[root@localhost home]# cd /home
[root@localhost home]# tar -tvf homebak.tar
drwxr-xr-x root/root          0 2012-11-04 10:21:27 home/
drwx------ xxh/xxh            0 2012-10-31 21:42:21 home/xxh/
drwxr-xr-x xxh/xxh            0 2002-08-12 17:26:50 home/xxh/.kde/
drwxr-xr-x xxh/xxh            0 2012-11-01 05:16:02 home/xxh/.kde/Autostart/
-rw-r--r-- xxh/xxh         1686 2003-02-28 03:47:09 home/xxh/.kde/Autostart/Autorun.desktop
-rw-r--r-- xxh/xxh          381 2000-07-26 00:33:24 home/xxh/.kde/Autostart/.directory
-rw-r--r-- xxh/xxh         5531 2003-02-04 17:32:13 home/xxh/.canna
-rw-r--r-- xxh/xxh           24 2003-02-11 21:34:44 home/xxh/.bash_logout
-rw-r--r-- xxh/xxh          191 2003-02-11 21:34:44 home/xxh/.bash_profile
-rw-r--r-- xxh/xxh          124 2003-02-11 21:34:44 home/xxh/.bashrc
-rw-r--r-- xxh/xxh          847 2003-02-20 14:41:26 home/xxh/.emacs
-rw-r--r-- xxh/xxh          120 2003-02-27 07:15:12 home/xxh/.gtkrc
drwxr-xr-x xxh/xxh            0 2012-11-01 05:34:55 home/xxh/.xemacs/
-rw-r--r-- xxh/xxh          232 2003-02-20 23:02:08 home/xxh/.xemacs/init.el
-rw-r--r-- xxh/xxh          220 2002-11-28 13:14:44 home/xxh/.zshrc
-rw-r--r-- root/root         75 2012-11-04 07:47:22 home/readme.txt
-rw-r--r-- root/root         92 2012-11-04 07:48:22 home/aa.txt
-rw-r--r-- root/root         70 2012-11-04 07:47:47 home/sort.txt
[root@localhost home]#
```

图 9-11

9.1.3 如何获取到软件源码的数据

软件的源码包就是软件的源代码，在 Linux 系统中存在很多开发源代码的软件，开发者在给用户使用软件的同时，也告诉软件是怎么开发的，同时可以对源代码进行修改和定制，以适合自己的需要。

在 Linux 下源代码软件包主要有两种发布形式，最常见的是以.tar. gz 或.tar. bz2 的压缩包形式发布，另外是以.src. rpm 的方式发布。

在本节中将介绍以压缩包形式发布的源代码软件包的安装方法，其一般的安装步骤如下。

(1) 解压缩和解包。根据软件的打包形式选择对应的解压缩和解包工具。

(2) 配置。进入源代码目录运行，每种软件都会有很多配置选项，但是都有一些通用选项。

(3) 编译。调用 Linux 下的编译器完成源代码到二进制代码的编译工作，在源代码目录下执行：make。

(4) 安装。将上一步编译生成的二进制程序安装到 Linux 系统，在源代码目录下执行：make install。

下面举例说明在 Linux 下安装 MySQL 数据库的源代码包 mysql. tar. gz 的过程。

(1) 首先解开软件包并查看帮助文档：

```
#tar - zxvf mysql.tar.gz
#cd mysql
#ls
```

查看源代码目录下的README和INSTALL文件。

(2) 在源代码目录下执行配置指令：


```
# ./configure - prefix = /usr/local/mysql
```

(3) 在源代码目录下使用make，编译源代码：

```
# make
```

(4) 在源代码目录下使用make install安装：

```
# make install
```

9.2 rpm包管理

在Linux系统中应用程序和附加升级包可以以源代码或二进制程序的方式提供，所以有多种提供软件包的方法，常用的有rpm和tar压缩包。因此常用的应用软件的安装方法也有两种：一种是使用rpm工具安装，另一种是编译安装。

rpm是RedHat Package Manager(RedHat软件包管理器)的缩写，这一文件名称虽然打上了RedHat的标志，但是其原始设计理念是开放式的，现在包括OpenLinux、SuSE以及Turbo Linux等Linux的分发版本都采用，只要符合rpm文件标准的打包程序都可以方便地安装、升级、卸载。它是一种软件打包发行并且实现自动安装的程序，并可以对这种程序包进行安装、卸载和维护。

9.2.1 rpm包的概念

概括来说，rpm具有以下五大功能。

(1) 安装：将软件从包中解出来，并且安装到硬盘中。

(2) 卸载：将软件从系统中卸载，从硬盘中清除。

(3) 升级：替换软件的旧版本。

(4) 查询：查询软件包的信息。

(5) 验证：检验系统中的软件与包中软件的区别。

rpm包名称较长，其一般定义的格式为如下：

```
name - version - release.type.rpm
```

其中，name是软件的名称，version是软件的版本号，release为软件的发行号，type为包的类型，rpm为文件的扩展名。例如有一rpm包名称为mypackage -1.1-2. i386. rpm，其中mypackage是软件的名称，1.1是软件的版本号，2是发行号，i386表示应用于Intel 80386及以上架构的计算机平台。

一般来说，由于rpm由类型数据库来记录包相关的信息，所以rpm类型的包所拥有的文件都放置在系统预设的目录下。

/etc：一些设置文件存放的目录。

/usr/bin：一些可执行文件存放的目录。

/usr/lib：一些程序使用的动态函数库存放的目录。

/usr/share/doc：一些基本的软件手册与说明文件存放的目录。

/usr/share/man：一些 man page 文件存放的目录。

9.2.2 安装与删除 rpm 包

1. 安装软件包

rpm 在安装前会做一系列的准备工作；先检查软件包与其他软件包的依赖与冲突，执行软件包生成时设置的安装前脚本，对原有的同名配置文件进行改名保存，然后解压应用程序软件包，把程序复制到设置的位置。

格式如下：

```
rpm   [ - i| -- install][install - options]  软件包文件名
```

rpm 安装软件包常用参数及其含义如表 9-6 所示。

表 9-6

参　数	含　义
-i 或--install	表示执行一个软件包的安装操作
-h	以"#"显示详细的安装过程及进度
--test	测试安装，只是检查软件包的依赖程度，并不实际执行安装
--force	忽略软件包及文件的冲突
--prefix<path>	将软件包安装在 path 指定的位置
-v	显示安装的详细信息

例 9.8 以当前目录下的 tree-1.2-22.i386.rpm 软件包的安装为例讲述 rpm 工具的使用。

分析：使用 rpm 命令，参数使用-ivh，其中，参数-i 指定要安装的软件包，包括名称、描述等，参数-v 详细列表输出信息，参数-h 显示安装进程。命令执行的结果如图 9-12 所示。

```
# rpm - ivh tree - 1.2 - 22.i386.rpm
```

当安装该软件包后，执行 tree 命令将会以树状图的形式显示目录和文件信息，如图 9-13 所示。

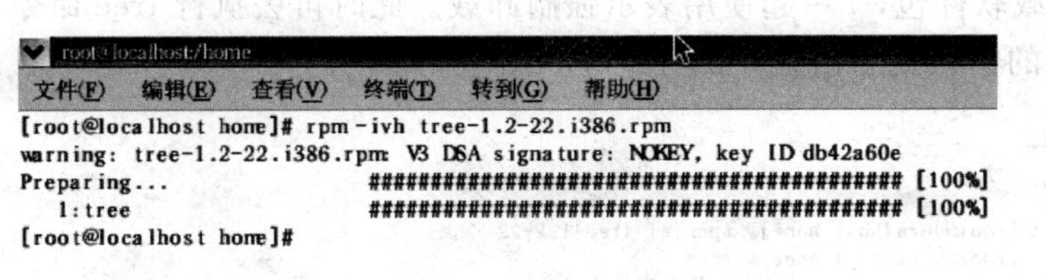

图 9-12

```
[root@localhost home]# tree
.
|-- aa.txt
|-- homebak.tar
|-- readme.txt
|-- sort.txt
|-- tree-1.2-22.i386.rpm
`-- xxh

1 directory, 5 files
[root@localhost home]#
```

图 9-13

例 9.9 强制安装选项的使用。当安装软件包的时候，系统提示软件包已经安装，无法安装同版本软件的时候，有两种解决方法：一是先卸载软件包，然后重新安装；二是使用

--force 安装选项强制安装(当某个已经安装的软件出现文件丢失或者损坏的情况,使用--force 安装较好)。

分析:先依旧采用例 9.8 中的方法安装软件包 tree-1.2-22.i386.rpm,系统提示该软件包已经安装了,然后采用--force 选项强制安装,提示安装成功。执行过程如图 9-14 所示。

```
# rpm - ivh tree - 1.2 - 22.i386.rpm
# rpm - ivh tree - 1.2 - 22.i386.rpm - force
```

```
[root@localhost home]# rpm -ivh tree-1.2-22.i386.rpm
warning: tree-1.2-22.i386.rpm: V3 DSA signature: NOKEY, key ID db42a60e
Preparing...                ########################################### [100%]
        package tree-1.2-22 is already installed
[root@localhost home]# rpm -ivh tree-1.2-22.i386.rpm --force
warning: tree-1.2-22.i386.rpm: V3 DSA signature: NOKEY, key ID db42a60e
Preparing...                ########################################### [100%]
   1:tree                   ########################################### [100%]
[root@localhost home]#
```

图 9-14

2. 删除软件包

rpm 在删除安装的程序文件前首先会检查程序的依赖性,如果没有就执行删除操作并检查配置文件。如果有则会换名保存,再删除属于这个软件包的所有文件及程序,并更新 rpm 数据库。

格式如下:

```
rpm  {-e|--erase}[erase-options]  [软件包名]
```

rpm 删除软件包常用参数及其含义如表 9-7 所示。

表 9-7

参数	含义
-e 或--erase	表示执行一个软件包的卸载操作
--test	只执行删除测试
-nodeps	不检查依赖性
--justdb	仅修改数据库

注意:*在执行卸载软件包时,软件包名可以包含版本信息,但不可以有 rpm 后缀。*

例 9.10 删除安装的软件包 tree-1.2-22.i386.rpm。

分析:使用参数-e 来卸载软件包,-f 一起使用表示强制卸载。此时再去执行 tree 命令,则提示没有那个文件或目录的错误提示信息。执行过程如图 9-15 所示。

```
# rpm - ef tree - 1.2 - 22
```

```
[root@localhost home]# rpm -ef tree-1.2-22
[root@localhost home]# tree
bash: /usr/bin/tree: 没有那个文件或目录
[root@localhost home]#
```

图 9-15

9.2.3 rpm 包的查询

rpm 工具可以提供软件包的查询功能，其查询包括：

(1) 系统中安装的所有 rpm 软件包；

(2) 查询指定的软件包在系统中是否安装；

(3) 查询系统的某个文件属于哪一个包所有；

(4) 查询系统中已安装指定的软件包的描述信息；

(5) 查询指定的软件包中包含的文件列表。

rpm 命令查询功能的语法格式如下：

```
rpm  {-q|--query}[select-options] [query-options]
```

其中，-q 或--query 表示本次执行查询软件包的操作。

select-options 指定本次查询的对象，包括，-p<file>：查询未安装的软件包信息；-f<file>：查询<file>属于哪个软件包；-a：查询所有安装的软件包。

query-options 选项指定本次查询所要获取的信息，包括，<null>：显示软件包的全部标识；-i：显示软件包的概要信息；-l：显示软件包中的文件列表。

rpm 工具提供的查询功能较强大，下面介绍几个常用的组合选项。

(1) 查询系统中安装的所有 rpm 软件包。

```
$ rpm -qa
```

(2) 查询指定的软件包在系统中是否安装。

```
$ rpm -q <包名>
```

(3) 查询系统的某个文件属于哪一个包所有。

```
$ rpm -qf <文件名>
```

(4) 查询系统中已安装指定的软件包的描述信息。

```
$ rpm -qi <包名>
```

(5) 查询指定的软件包中所包含的文件列表。

```
$ rpm -ql <包名>
```

例 9.11 查询系统中所有已经安装的软件包，并分屏显示查询结果。

分析：使用参数-q 实现查询安装的软件包，参数-a 可以查询所有的软件包。命令执行过程如图 9-16 所示。

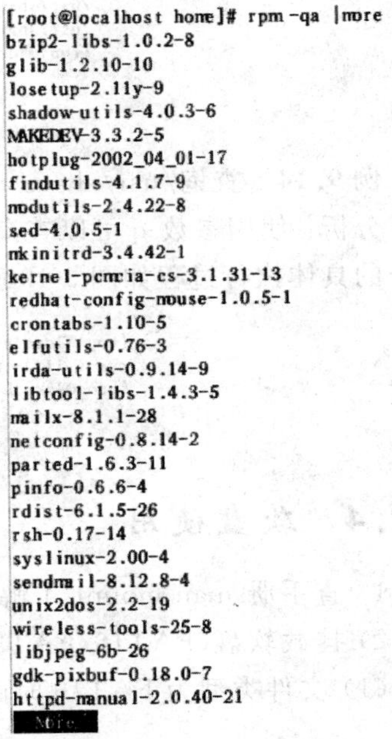

```
[root@localhost home]# rpm -qa |more
bzip2-libs-1.0.2-8
glib-1.2.10-10
losetup-2.11y-9
shadow-utils-4.0.3-6
MAKEDEV-3.3.2-5
hotplug-2002_04_01-17
findutils-4.1.7-9
modutils-2.4.22-8
sed-4.0.5-1
mkinitrd-3.4.42-1
kernel-pcmcia-cs-3.1.31-13
redhat-config-mouse-1.0.5-1
crontabs-1.10-5
elfutils-0.76-3
irda-utils-0.9.14-9
libtool-libs-1.4.3-5
mailx-8.1.1-28
netconfig-0.8.14-2
parted-1.6.3-11
pinfo-0.6.6-4
rdist-6.1.5-26
rsh-0.17-14
syslinux-2.00-4
sendmail-8.12.8-4
unix2dos-2.2-19
wireless-tools-25-8
libjpeg-6b-26
gdk-pixbuf-0.18.0-7
httpd-manual-2.0.40-21
More
```

图 9-16

例 9.12 查询已经安装的软件包 bzip2 的相关信息。

分析：使用参数-q 查询软件包，参数-i 显示软件包的概要信息。执行过程如图 9-17 所示。

例 9.13 查询软件文件 bzip2 的安装位置。

分析：参数-q 可以查询软件包的信息，参数-l 可以列

```
[root@localhost home]# rpm -qi bzip2
Name        : bzip2                        Relocations: (not relocateable)
Version     : 1.0.2                             Vendor: Red Hat, Inc.
Release     : 8                             Build Date: 2003年01月25日 星期六 06时49分33秒
Install Date: 2012年11月01日 星期四 04时38分49秒    Build Host: porky.devel.redhat.com
Group       : 应用程序/文件                   Source RPM: bzip2-1.0.2-8.src.rpm
Size        : 76314                            License: BSD
Signature   : DSA/SHA1, 2003年02月24日 星期一 13时38分55秒, Key ID 219180cddb42a60e
Packager    : Red Hat, Inc. <http://bugzilla.redhat.com/bugzilla>
URL         : http://sources.redhat.com/bzip2/
Summary     : 文件压缩工具。
Description :
Bzip2 是一个可自由获得、无专利、高质量的数据压缩器。
它使用同 gzip 同样的命令行标志。
[root@localhost home]#
```

图 9-17

出软件包中的文件信息。命令的执行过程如图 9-18 所示。

```
[root@localhost home]# rpm -ql bzip2
/usr/bin/bunzip2
/usr/bin/bzcat
/usr/bin/bzcmp
/usr/bin/bzdiff
/usr/bin/bzgrep
/usr/bin/bzip2
/usr/bin/bzip2recover
/usr/bin/bzless
/usr/bin/bzmore
/usr/share/doc/bzip2-1.0.2
/usr/share/doc/bzip2-1.0.2/CHANGES
/usr/share/doc/bzip2-1.0.2/LICENSE
/usr/share/doc/bzip2-1.0.2/README
/usr/share/doc/bzip2-1.0.2/README.COMPILATION.PROBLEMS
/usr/share/doc/bzip2-1.0.2/Y2K_INFO
/usr/share/man/man1/bunzip2.1.gz
/usr/share/man/man1/bzcat.1.gz
/usr/share/man/man1/bzcmp.1.gz
/usr/share/man/man1/bzdiff.1.gz
/usr/share/man/man1/bzgrep.1.gz
/usr/share/man/man1/bzip2.1.gz
/usr/share/man/man1/bzip2recover.1.gz
/usr/share/man/man1/bzless.1.gz
/usr/share/man/man1/bzmore.1.gz
[root@localhost home]#
```

图 9-18

例 9.14 查询/usr/share/man/man1/cvs.1.gz 文件属于哪个软件包。

分析：使用参数-q 可以查询软件包，参数-f 可以查询具体的某一文件属于哪个软件包。命令的具体执行过程如图 9-19 所示。

```
[root@localhost share]# rpm -qf /usr/share/man/man1/cvs.1.gz
cvs-1.11.2-10
[root@localhost share]#
```

图 9-19

9.2.4 软盘使用

1）查手册 man mount 了解 Linux 所支持的文件系统

2）挂载软盘(FAT16/FAT32)

(1) 文件类型为 FAT16 时的命令如下：

```
mount  -t  msdos  /dev/fd0  /mnt/floppy
```

(2) 文件类型为 FAT32 时的命令如下：

```
mount  -t  vfat  /dev/fd0  /mnt/floppy
```

3) 卸载软盘

```
umount  -t  /mnt/floppy
```

9.2.5 U 盘使用

(1) 先别插 U 盘，执行命令/sbin/lsmod 查看是否有 usb-storage，如果没有的话，依次执行如下命令：

```
cd  /lib/modules/2.4.20-8/kernel/drivers/usb
for  v  in  *.o  storage/*.o ;  do  /sbin/insmod  $v ;  done
```

(2) 再执行命令：/sbin/lsmod，应该有 usbcore、usb-ohci(或 usb-uhci，根据主板芯片组而不同)、usb-storage、scsi_mod 等。其中 usb-storage 的状态应该为 unused。

(3) 插入 U 盘，不停地执行命令/sbin/lsmod，这期间 usb-storage 的状态应为 Initializing，持续片刻。

(4) 初始化结束后，执行 sbin/fdisk -l，应该能看到/dev/sda1 设备。这时，执行命令：mount/dev/sda1/mnt/udisk，如果是 MSDOS 格式，又想看到中文，可以使用命令：mount -t vfat /dev/sda1 /mnt/udisk -o iocharset=gb2312。

本 章 小 结

在本章中，主要介绍了 Linux 系统中的打包命令 tar 和压缩命令。打包可以将一系列相关的文档和目录集中起来管理，以实现系统备份的目的。压缩可以减少文件的大小，一方面减少系统存储空间的要求，另一方面减少了网络传输的数据量。与目前流行的 Windows 系列操作系统相比，Linux 是一个免费的开放源代码的操作系统，在 Linux 系统中的很多软件包也是开放源代码的，开放源代码的软件包主要有两种发布形式，一是以 tar 包的形式发布(可以以.gz 或.bz2 形式压缩)，一是以 rpm 软件包形式发布。还介绍了软盘及 U 盘的使用。

习　　题

1. 将/root 下文件 install. log 和 install. log. syslog 进行打包为 install. tar，打包后放在/tmp 目录下，然后将 install. tar 文件用 gzip 进行压缩。注意比较压缩前后文件大小的不同。

2. 删除/root 目录下的文件 install. log 和 install. log. syslog，然后将备份的文件还原到/root 目录下。

3. 将整个/etc 目录下的文件全部打包成为/tmp/etc. tar. gz。

4. 查阅/tmp/etc. tar. gz 文件内有哪些文件？

5. 将/tmp/etc. tar. gz 文件解压缩到/usr/local/src 下面。

6. 使用命令“rpm -qi” 查看 httpd-2. 2. 3-31. el5. centos. i386. rpm 的信息，并回答如下问题：

（1）查询是否安装了 httpd 软件包；

（2）若没有安装，使用 rpm 命令进行安装；如果安装了，将其卸载，然后再安装；

（3）安装后查询是否已经安装成功，然后卸载该软件包；

（4）查询该软件包的信息。

7. 熟悉源代码软件包的管理方法与命令：

获取 ntfs-3g_ntfsprogs-2012. 1. 15. gz。解包解压缩（命令提示：tar -zxvf ntfs-3g_ntfsprogs-2012. 1. 15. gz）。进入解包解压缩目录（命令提示：cd ntfs-3g_ntfsprogs-2012. 1. 15），配置安装在/opt/ntfs 目录（命令提示：./configure-prefix=/opt/ntfs），使用 make 和 make install 命令编译和安装。

第10章 Linux内核机制

10.1 进程、用户线程概念

结合 Windows 中进程、用户线程的概念与 Linux 中的进程、线程做比较。

1. 进程

在 Linux 和 Windows 中，对于进程这个概念基本一致，即程序运行的一个实例，代表了一组资源。

在 Linux 中，还有一个“轻量级进程”(LWP)的概念，引入这个概念是为了对多线程程序提供更好的支持。

2. 用户线程

对于用户线程(简称线程，注：这里仅仅指的是多线程应用程序中的线程，不是内核线程)，Linux 和 Windows 表现得就不一致了。在 Windows 中，线程都是由内核实现的，即线程的创建、执行、调度、销毁都需要内核的参与；在早期的 Linux 中，线程的所有行为在 OS 内核看来都是在用户态实现的，即内核不参与这些过程。在 Windows 中，内核自动地对线程进行调度；在早期 Linux 中，线程的调度必须在用户模式下实现，这点类似于 Windows 中的线程。因此，早期的 Linux 系统中的多线程程序中，只要有一个线程阻塞，那么整个进程也就阻塞了，多个线程之间无法并发。

Linux 中的用户线程不需要内核的支持，其创建、执行、调度和销毁仅工作在用户模式，这种工作是高效且低消耗的。但其缺点是各线程之间无法并发。

3. 内核线程

Windows 和现代的 Linux 操作系统的内核都是多线程内核(即支持多线程的内核)。内核线程在 Windows 和 Linux 系统中表现得也基本一致，由内核参与线程的创建、执行、调度、销毁等工作，多个内核线程之间能够并发，相当于内核的多个影子，每个影子可以完成不同的事情。内核线程的使用是廉价的。

4. 轻量级进程(LWP)

这是 Linux 中特有的概念。Linux 为了对多线程程序提供更好的支持，现代的 Linux 系统中引入了“轻量级进程”(LWP)的概念，它是基于内核线程的高度抽象。实际上每个 LWP 都需要内核线程的支持。因此，每个 LWP 可以被内核独立调度，多个 LWP 之间能够并发。

LWP 有局限性。大多数 LWP 的创建、执行、调度和销毁都需要进行系统调用。系统调用需要在用户模式和内核模式中切换，代价高。另外，每个 LWP 都需要有一个内核线程支持，因此 LWP 要消耗内核资源(如内核线程的栈空间)。

5. 用户线程和 LWP 的结合

引入 LWP 之后，就可以对用户线程进行优化，让一个或多个用户线程与一个 LWP 关联，这样一来，LWP 就为用户线程和内核线程架起了一座桥梁，用户线程就可以借助于 LWP 之间的并发来间接地实现用户线程之间的并发。用户线程与 LWP 关联可以是一对一，也可以是多对一的。

10.2 进程描述符

进程描述符(Process Descriptor)是进程的描述，即用来描述进程的数据结构，可以理解为进程的属性。比如进程的状态、进程的标识(PID)等，都被封装在了进程描述符这个数据结构中，该数据结构被定义为 task_struct。

1. 进程状态

Linux 中的进程有 7 种状态，进程的 task_struct 结构的 state 字段指明了该进程的状态。

(1) 可运行状态(TASK_RUNNING)。

(2) 可中断的等待(TASK_INTERRUPTIBLE)。

(3) 不可中断的等待(TASK_UNINTERRUPTIBLE)。

(4) 暂停状态(TASK_STOPPED)。

(5) 跟踪状态(TASK_TRACED)：进程被调试器暂停或监视。

(6) 僵死状态(EXIT_ZOMBIE)：进程被终止，但父进程未调用 wait 类系统调用。

(7) 僵死撤销状态(TASK_DEAD)：父进程发起 wait 类系统调用，进程由系统删除。

2. 标识一个进程

标识进程的两种方法：进程描述符地址、PID。PID 的值保存在 task_struct 结构的 pid 字段中。

能够被独立调度的执行上下文都有自己的进程描述符，因此，轻量级进程(LWP)也有自己的 task_struct 结构。

Linux 把不同的 PID 分配给每个进程和 LWP(类似地，Windows 中也是将 PID 和 TID 分配给每个进程和线程，且 PID 和 TID 不会相同，这里 Linux 中的 LWP 类似于 Windows 中的线程)。

Linux 中还有线程组的概念。一个线程组的所有线程使用该线程组领头线程的 PID，即该组中第一个 LWP 的 PID。这个线程组的 PID 保存在 task_struct 结构的 tpid 字段中，线程组领头线程的 tpid 和 pid 的值相同。

3. 得到进程描述符地址

Linux 中，有两个数据结构被紧凑地放在了一起：进程的内核堆栈、thread_info(线程描述符)。一般地，这两个数据结构大小为 8192B，放在两个连续的页面中，首地址为 213 的倍数。8KB 对于内核堆栈和 thread_info 来说已经足够了(也可以在编译内核时设置，让这两个数据结构占用一个页面)。这个 8KB 的起始存放 thread_info 结构，内核堆栈从末端向下增长。在 thread_info 结构中，有一个指向进程描述符的指针 task，利用该指针可以找到 task_struct 结构地址。在 task_struct 结构中，也有一个 thread_info 指针，指向 thread_info

结构。

因为 thread_info 和内核堆栈被紧凑地存放在一起，因此，可以从内核堆栈找到 thread_info 结构地址，继而通过 thread_info 结构的 task 指针找到 task_struct 结构指针。对于 8KB 而言，得到 esp 中的值，然后将该值与上 0xffffe000，即将低 13 位清零，就得到了 thread_info 的地址，然后就可以得到 task_struct 的地址。

4. 进程链表

Linux 中将多个进程组织成循环双链表的结构，进程链表头是 init_task 描述符，即 0 进程或 swapper 进程的描述符。通过 task_struct 结构中 tasks 字段，将多个进程连接成链表的结构。

早期的 Linux 版本中，把所有 TASK_RUNNING 状态的进程放在一个运行队列中，这样，按照优先级排序该链表的开销比较大。早期的调度程序不得不遍历整个链表来选择最佳的进程。

Linux 中的运行队列不同，系统中建立了多个可运行进程链表，即运行队列中包含多个可运行进程链表。每个可运行进程链表对应一个优先级，优先级取值为 0～139。假定某个进程优先级为 k，那么该进程的 task_struct 结构中 run_list 字段就将其连接到优先级为 k 的可运行进程链表中。另外，在多处理器系统中，每个 CPU 都有它自己的运行队列。这么多可运行进程链表由 prio_array_t 数据结构来管理。

5. 进程间关系

进程之间有父子关系，如果一个进程创建多个子进程，那这些子进程之间就有了兄弟关系。Linux 中，进程 0 和进程 1 由内核创建，进程 1(init)是其他所有进程的祖先。

在进程描述符表 task_struct 结构中，以下字段表示进程间的关系。

real_parent：指向创建进程 P 的进程的描述符，如果进程 P 的父进程不存在，就指向进程 1 的描述符。

parent：指向进程 P 的当前父进程，往往与 real_parent 一致。当出现进程 Q 向进程 P 发出跟踪调试 ptrace()系统调用时，该字段指向进程 Q 描述符。

children：一个链表头，链表中所有元素都是进程 P 创建的子进程。

sibling：指向兄弟进程链表的下一个元素或前一个元素的指针。

另外，进程间还存在其他关系：登录会话关系、进程组关系、线程组关系、跟踪调试关系。

在 task_struct 结构中，以下字段表示这些关系(假设当前进程为 P)。

group_leader：P 所在进程组的领头进程的描述符指针。

signal->pgrp：P 所在进程组的领头进程的 PID。

tgid：P 所在线程组的领头进程的 PID。

signal->session：P 所在登录会话领头进程的 PID。

ptrace_children：一个链表头，链表中的所有元素是被调试器程序跟踪的 P 的子进程。

ptrace_list：当 P 被调试跟踪时，指向调试跟踪进程的父进程链表的前一个和下一个元素。

6. PID 导出进程描述符

有些情况需要从 PID 得到响应的进程描述符指针，比如 kill()系统调用。由于顺序扫描进程链表并检查进程描述符的 pid 字段是比较低效的，因此引入了 4 个哈希表：PIDTYPE_PID、PIDTYPE_TGID、PIDTYPE_PGID、PIDTYPE_SID。

这 4 个哈希表在内核初始化时动态地分配空间，它们的地址被存入 pid_hash 数组，其长度依赖于 RAM 容量。利用 pid_hashfn 可以将 PID 转化为表索引。

为了防止出现哈希运算带来的冲突，Linux 采用拉链法来解决，即引入具有链表的哈希表来处理。

7. 进程组织

运行队列的链表把 TASK_RUNNING 状态的所有进程组织在一起。对于其他状态的进程，Linux 做如下处理。

TASK_STOPPED、EXIT_ZOMBIE、EXIT_DEAD 状态的进程，Linux 并没有为它们建立专门的链表，因为访问简单。

TASK_INTERRUPTIBLE、TASK_ UNINTERRUPTIBLE 状态的进程被分为很多类，每一类对应一个特定的事件。在这种状态下，进程状态无法提供足够的信息来快速地得到进程，因此引入额外的进程链表是必要的。这些链表称为“等待队列”。

等待队列的用途很多，比如中断处理、进程同步、定时等。

等待队列由双链表实现，每个等待队列都有一个队头，这是一个 wait_queue_head_t 的数据结构。该数据结构中有一个 spinlock_t 类型的 lock 变量，这是一个自旋锁，用来保证等待队列被互斥的访问和操作。

等待队列中元素的类型是 wait_queue_t，该数据结构中有一个 task 字段，是一个进程描述符的指针；有一个 func 字段，是一个函数指针，表示进程的如何唤醒（即唤醒时调用该函数）；还有一个 flags 字段，决定了相关进程是互斥进程(flags=1)还是非互斥进程(flags=0)。

这里解释下互斥进程与非互斥进程。非互斥进程总是由内核在事件发生时唤醒；互斥进程则是由内核在事件发生时有选择地唤醒，比如访问临界区的进程。

8. 进程资源限制

每个进程都有一组相关的资源限制，指明了进程能够使用的系统资源数量，避免进程过度使用系统资源(CPU、磁盘空间等)。

进程资源的限制存放在进程描述符的 signal->rlim 字段中，该字段是一个类型为 rlimit 结构的数组，数组中每个元素对应一种资源。

用 getrlimit()和 setrlimit()系统调用，用户能够增加当前资源限制的上限。

如果资源限制值为 RLIMIT_INFINITY(0xffffffff)，就意味着没有对应的资源限制。

以下说明进程描述符(task_struct)某些字段的含义，假设进程为 P。

state：P 进程状态，用 set_task_state 和 set_current_state 宏更改之，或直接赋值。

thread_info：指向 thread_info 结构的指针。

run_list：假设 P 状态为 TASK_RUNNING，优先级为 k，run_list 将 P 连接到优先级为 k 的可运行进程链表中。

tasks：将 P 连接到进程链表中。

ptrace_children：链表头，链表中的所有元素是被调试器程序跟踪的 P 的子进程。

ptrace_list：P 被调试时，链表中的所有元素是被调试器程序跟踪的 P 的子进程。

pid：P 进程标识(PID)。

tgid：P 所在的线程组的领头进程的 PID。

real_parent：P 的真实的父进程的进程描述符指针。

parent：P 的父进程的进程描述符指针，当被调试时就是调试器进程的描述符指针。

children：P 的子进程链表。

sibling：将 P 连接到 P 的兄弟进程链表。

group_leader：P 所在的线程组的领头进程的描述符指针。

10.3 内存寻址

基于 80x86 微处理器的计算机中，内存寻址的转换过程是：逻辑地址→线性地址(虚拟地址)→物理地址。参与内存寻址的 MMU(存储器管理单元)中有两个重要的部分——分段单元和分页单元，前者负责将逻辑地址转换为线性地址，后者负责将线性地址转换为实际的物理地址。

1. 硬件分段机制

每个逻辑地址包含两个部分：一个段标识和一个段中偏移 offset。这个段标识就是段选择子(Segment Selector)，该数据结构中有 3 个域：index 域、TI 域和 RPL 域。TI=0 表示该段保存在全局描述符表 GDT 中，TI=1 表示该段保存在局部描述符表 LDT 中。有一种寄存器叫段寄存器，保存了这个段选择子。

每个段还有一个段描述符(Segment Descriptor)与之对应，该数据结构中保存了段的基本属性，比如访问权限和段长等。通过这个段描述符的 Base 域能够定位到这个段所对应的线性地址。

在 Linux 系统中，有两种表：GDT 和 LDT。GDT 是唯一的，这两个数据结构中保存了一些段的段描述符，通过它们可以在内存中找到某个段的段描述符。

寻址的过程是这样的：从段寄存器中取出段选择子，段选择子的 index 域乘以 8 之后得到一个偏移，该偏移就是该段的段描述符在 GDT 或 LDT 中的索引，通过 TI 得到该段是在 GDT 还是 LDT 中，并从 GDTR 或 LDTR 寄存器中得到 GDT 或 LDT 的地址，然后与偏移相加，即得到该段的段描述符地址，然后与逻辑地址中的段中偏移相加，即得到了该逻辑地址对应的线性地址。即当 TI=0 时，linear addr=index * 8+[GDTR]+offset，否则 linear addr=index * 8+[LDTR]+offset。

为了更快地进行逻辑地址到线性地址的转换，80x86 提供了一个不可编程的寄存器，用来存放段描述符，这样，当一个段的段选择子被段寄存器加载的时候，不可编程寄存器就从内存加载该段的段描述符地址，这样，就可以通过不可编程寄存器得到段描述符的地址，不需要通过 GDT 或 LDT 了，加速了地址转换的过程。

2. 硬件分页机制

分页单元是将线性地址转换为物理地址。

一个线性地址被划分为固定长度的多个块，每块称之为一个页或页面(page)，在一个页面上的连续的地址也被映射到连续的物理地址上。

分页单元认为 RAM 是被划分为多个等长的页框(page frame)的，每个页框包含一个页面。

常规的分页方法从 80386 开始，将 32 位线性地址划分为 3 部分：目录(高 10 位)、表(中间 10 位)、偏移(低 12 位)。这样，每个页就有 2^{12}B，即 4KB 的大小。同时，CPU 有一个 CR3 寄存器，保存页目录的基地址，实际上 CR3 与进程关联，不同进程的 CR3 中的值不同。

常规的分页采用了 2 级分页，其寻址过程如下：

(1) CR3 中的值(页目录基地址)＋线性地址的目录的值＝页表基地址；

(2) 页表基地址＋线性地址中的表的值＝页框物理地址，该页框物理地址包含了一个页面的数据；

(3) 页框基地址＋线性地址的偏移＝物理地址。其中，页目录数据结构包含了一些页表的属性位，而页表数据结构包含了一些页面的属性。

关于 PAE(物理地址扩展)和 64 位地址的分页，其原理和常规的分页方式类似，且64 位地址具有平台依赖性，本文不进行描述。

为了降低 CPU 访存带来的负面的效率问题，在 CPU 和 RAM 中引入了高速缓存，其依据是“局部性原理”。

80x86 中还包含了称之为转换后援缓冲器(TLB)的硬件，以此来加速线性地址的转换，每个 CPU 都有一个自己的 TLB，当一个线性地址被第一次使用时，计算其物理地址，并将物理地址存放在一个 TLB 表中，以后每次访问同一个线性地址都能够通过 TLB 快速地得到转换。当 CPU 的 CR3 寄存器被修改时，该 CPU 的 TLB 所有项都会无效。

3. Linux 的分页机制

从 Linux 2.6.11 开始，Linux 根据不同的架构，将分页机制统一为 4 级分页机制，可以适应 PAE 和 64 位地址，其核心思想与常规分页相同，仅仅是中间引入了 Page Upper Directory 和 Page Middle Directory 这两个数据结构。

Linux 2.6.11 的内核源码中，定义了很多宏和函数来操作 Page Table、Page Middle Directory、Page Upper Directory 和 Page Global Directory，本文不进行详细描述。

4. 物理地址布局

在 Linux 系统初始化的时候，内核必须建立一个物理地址映射，来指明哪些物理地址范围能够被内核使用。一般来说，Linux 内核被加载到物理地址为 0x00100000 的 RAM 上，前面空出了 1MB的空间。这是因为一些空出的空间要被 BIOS 使用。

在系统引导的早期阶段，内核请求 BIOS 并获得物理地址的大小。在现代的计算机中，内核调用 BIOS 过程来建立一个物理地址范围表以及其对应的存储类型。

然后系统调用函数 machine_specific_memory_setup(void)(include/asm-i386/mach-default/setup_arch_post.h)，该函数创建物理地址映射，在该函数中，通过 BIOS 的 E820 表得到内存映射的信息。如果没法通过 E820 表来得到信息，该函数按照默认的方式来建立内存映射表：从 0x9f 到 0x100 之间的页框被标记为保留。

setup_memory(void)函数在 machine_specific_memory_setup 之后被调用，用来分析物理地址区域并初始化一些数据来描述物理地址的布局。

5. 进程页表和内核页表

进程的线性地址分为两部分：0x00000000～0xbfffffff(3GB)的用户态线性地址和 0xc0000000～0xffffffff(1GB)的内核态线性地址。宏 PAGE_OFFSET 的值即为 0xc0000000——内核空间的开始处。

页全局目录表的前一部分映射的线性地址小于0xc000000(PAE未启动时是前768项，PAE启动后是前3项)，其剩余的表项对所有进程来说都是一样的，等于主内核全局目录相应的表项。

内核维护着自己使用的页表，称之为主内核页全局目录。当内核映射刚刚被装入内存后，CPU运行于实模式，此时分页功能未启用。内核初始化自己的页表的过程分为以下两个阶段。

第一个阶段，内核创建一个有限的地址空间，包括内核代码段和内核数据段、初始页表和用于存放动态数据结构的128KB的空间，该空间仅够内核装入RAM和对其初始化的核心数据结构。

第二个阶段，内核充分利用剩余的RAM来建立页表(参阅"临时内核页表"部分内容)。

6. 临时内核页表

临时页全局目录是在内核编译过程中静态地初始化的，而临时页表则由函数startup_32函数(arch/i386/kernel/head.s)初始化的，此时的Page Upper Directory和Page Middle Directory等同于页全局目录项。

临时页全局目录存放在swapper_pg_dir变量中，临时页表在pg0变量处开始存放，紧接在内核为初始化的数据段之后。这里假设内核、临时页表和上文提到的128KB的空间能够容纳在RAM的前8MB空间里。为了映射8MB空间，内核需要用到两个页表项。

分页的第一个阶段的目标是允许在实模式下和保护模式下都能很容易地对这8MB进行寻址，因此，内核创建一个映射，把0x00000000～0x007fffff(8M)和0xc0000000～0xc07fffff(8M)的线性地址映射到0x00000000～0x007fffff的物理地址。

然后，内核把swapper_pg_dir的所有项都填充为0来创建期望的映射，除了第0、1、0x300(768)和0x301(769)这4个表项。这4项初始化过程如下：

(1) 0项和0x300项的地址字段设置为pg0的物理地址，而1项和0x301项的地址字段设置为紧随pg0后的页框的物理地址。

(2) 这4项的Present、Read/Write和User/Supervisor标志置位。

(3) 这4项的Accessed、Dirty、PCD、PWD和Page Size标志清零。

(4) 同时，在startup_32函数中也启用了分页单元，即向CR3寄存器中写入swapper_pg_dir的地址，并设置CR0寄存器的PG标志。

10.4 底层部分处理机制

某些特殊时刻并不愿意在核心中执行一些操作，例如中断处理过程中。当中断发生时处理器将停止当前的工作，操作系统将中断发送到相应的设备驱动上去。由于此时系统中其他程序都不能运行，所以设备驱动中的中断处理过程不宜过长。有些任务最好稍后执行。Linux底层部分处理机制可以让设备驱动和Linux核心其他部分将这些工作进行排序以延迟执行。图10-1给出了一个与底层部分处理相关的核心数据结构。

系统中最多可以有32个不同的底层处理过程；bh_base是指向这些过程入口的指针数组；而bh_active和bh_mask用来表示哪些处理过程已经安装以及哪些处于活动状态。如果bh_mask的第*N*位置位则表示bh_base的第*N*个元素包含底层部分处理例程。如果

bh_active 的第 N 位置位则表示第 N 个底层处理过程例程可在调度器认为合适的时刻调用。这些索引被定义成静态的；定时器底层部分处理例程具有最高优先级(索引值为0)，控制台底层部分处理例程其次(索引值为1)。典型的底层部分处理例程包含与之相连的任务链表。例如 immediate 底层部分处理例程通过那些需要被立刻执行的任务的立即任务队列(tq_immediate)来执行。

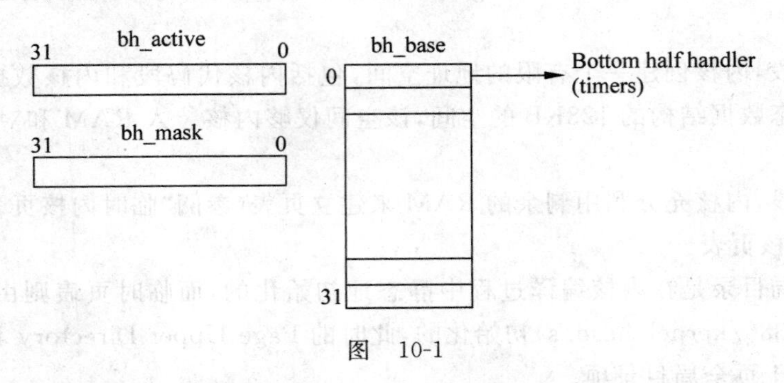

图 10-1

有些核心底层部分处理过程是设备相关的，但有些更加具有通用性。

(1) TIMER：每次系统的周期性时钟中断发生时此过程被标记为活动，它被用来驱动核心的定时器队列机制。

(2) CONSOLE：此过程被用来处理进程控制台消息。

(3) TQUEUE：此过程被用来处理进程 tty 消息。

(4) NET：此过程被用来做通用网络处理。

(5) IMMEDIATE：这是被几个设备驱动用来将任务排队成稍后执行的通用过程。

当设备驱动或者核心中其他部分需要调度某些工作延迟完成时，它们将把这些任务加入到相应的系统队列中去，如定时器队列，然后对核心发出信号通知它需要调用某个底层处理过程。具体方式是设置 bh_active 中的某些位，例如，如果设备驱动将某个任务加入到了 immediate 队列并希望底层处理过程运行和处理它，可将第 8 位置 1。每次系统调用结束返回调用进程前都要检查 bh_active，如果有位被置 1 则调用处于活动状态的底层处理过程。检查的顺序是从 0 位开始直到第 31 位。

每次调用底层处理过程时，bh_active 中的对应位将被清除。bh_active 是一个瞬态变量，它仅仅在调用调度管理器时有意义；同时它还可以在空闲状态时避免对底层处理过程的调用。

10.5 任务队列

任务队列是核心延迟任务启动的主要手段。Linux 提供了对队列上任务排队以及处理它们的通用机制。

任务队列通常和底层处理过程一起使用；底层的定时器队列处理过程运行时对定时器队列进行处理。任务队列的结构很简单，如图 10-2 所示，它由一个 tq_struct 结构链表构成，每个节点中包含处理过程的地址指针以及指向数据的指针。处理任务队列上的元素时将用到这些过程，同时此过程还将用到指向这些数据的指针。

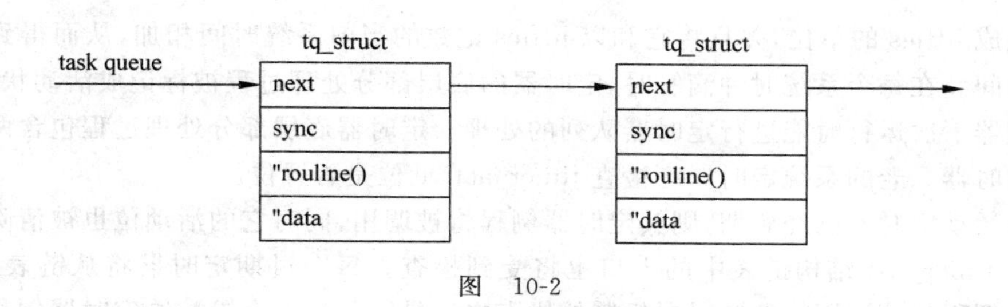

图 10-2

核心的所有部分，如设备驱动，都可以创建与使用任务队列。但是核心自己创建与管理的任务队列只有以下三个。

1. Timer

此队列用来对下一个时钟滴答时要求尽快运行的任务进行排队。每个时钟滴答时都要检查此队列是否为空，如果不为空，则定时器底层处理过程将激活此任务。当调度管理器下次运行时定时器队列底层处理过程将和其他底层处理过程一起对任务队列进行处理。这个队列不能和系统定时器相混淆。

2. Immediate

Immediate 底层处理过程的优先级低于定时器底层处理过程，所以此类型任务将延迟运行。

3. Scheduler

此任务队列直接由调度管理器来处理。它被用来支撑系统中其他任务队列，此时可以运行的任务是一个处理任务队列的过程，如设备驱动。

当处理任务队列时，处于队列头部的元素将从队列中删除，同时以空指针代替它。这个删除操作是一个不可中断的原子操作。队列中每个元素的处理过程将被依次调用。这个队列中的元素通常使用静态分配数据，然而并没有一个固有机制来丢弃已分配内存。任务队列处理例程简单地指向链表中下一个元素，这个任务才真正清除任何已分配的核心内存。

10.6 定时器

操作系统应该能够在将来某个时刻准时调度某个任务。所以需要一种能保证任务较准时调度运行的机制。希望支持每种操作系统的微处理器必须包含一个可周期性中断它的可编程间隔定时器。这个周期性中断被称为系统时钟滴答，它像节拍器一样来组织系统任务。

Linux 的时钟观念很简单：它表示系统启动后的以时钟滴答记数的时间。所有的系统时钟都基于这种量度，在系统中的名称和一个全局变量相同——jiffies。

Linux 包含两种类型的系统定时器，它们都可以在某个系统时间上被队列例程使用，但是它们的实现稍有区别，这两种机制如图 10-3 所示。第一种是老的定时器机制，它包含指向 timer_struct 结构的 32 位指针的静态数组以及当前活动定时器的屏蔽码：time_active。此定时器表中的位置是静态定义的(类似底层部分处理表 bh_base)。其入口在系统初始化时被加入到表中。第二种是相对较新的定时器，它使用一个到期时间以升序排列的 timer_list 结构链表。

这两种方法都使用 jiffies 作为终结时间，这样希望运行 5 秒的定时器将不得不将 5 秒时间转换成 jiffies 的单位,并且将它和以 jiffies 记数的当前系统时间相加,从而得到定时器的终结时间。在每个系统时钟滴答时,定时器的底层部分处理过程被标记成活动状态,以便调度管理器下次运行时能进行定时器队列的处理。定时器底层部分处理过程包含两种类型的系统定时器。老的系统定时器将检查 timer_active 位是否置位。

如果活动定时器已经到期,则其定时器例程将被调用,同时它的活动位也被清除。新定时器位于 timer_list 结构链表中的入口也将受到检查。每个过期定时器将从链表中清除,同时它的例程将被调用。新定时器机制的优点之一是能传递一个参数给定时器例程。

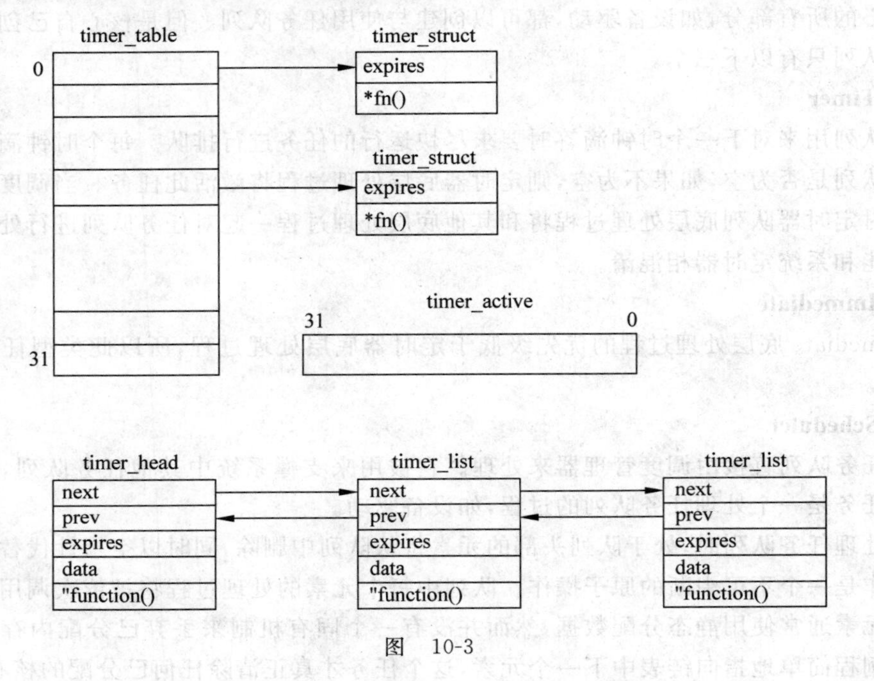

图 10-3

10.7 等待队列

进程经常要等待某个系统资源。例如,某个进程可能需要描述文件系统中某个目录的 VFS Inode,但是此 Inode 可能不在 buffer cache 中,此时这个进程必须等到该 Inode 从包含此文件系统的物理介质中取出来才可以继续运行。

Linux 核心使用一个非常简单的队列:等待队列(如图 10-4 所示)。它包含一个指向进程 task_struct 结构的指针以及等待队列中下一个元素的指针。加入到等待队列中的进程既可以是可中断也可以是不可中断的。可中断进程能够被如定时器到期或者信号等时间中断。此等待进程的状态必须说明成是 INTERRUPTIBLE 还是 UNINTERRUPTIBLE。由于进程现在不能继续运行,则调度管理器将接过系统控制权并选择一个新进程运行,而等待进程将被挂起。处理等待进程时,每个处于等待队列中的进程都被置为 RUNNING 状态。如果此进程已经从运行队列中删除,则它将被重新放入运行队列。下次调度管理器运行时,由于这些进程不再等待,所以它们都将是运行候选者。等待队列可以用来同步对系统资源的访问,同

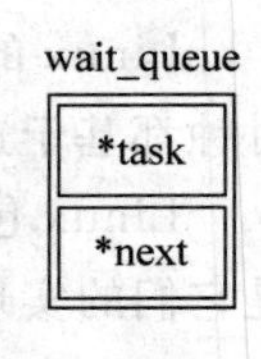

图 10-4

时它们还被 Linux 用于信号灯的实现中。

10.8 Buzz 锁

Buzz 锁使用更频繁的名字叫自旋锁,这是一种保护数据结构或代码片段的原始方式。在某个时刻只允许一个进程访问临界区内的代码。Linux 还同时将一个整数域作为锁来限制对数据结构中某些域的存取。每个希望进入此区域的进程都试图将此锁的初始值从 0 改成 1。如果当前值是 1,则进程将再次尝试,此时进程好像在一段紧循环代码中自旋。对包含此锁的内存区域的存取必须是原子性的,即检验值是否为 0 并将其改变成 1 的过程不能被任何进程中断。多数 CPU 结构通过特殊指令提供对此方式的支持,同时可以在一个非缓冲主存中实现这个 Buzz 锁。

当控制进程离开临界区时,它将递减此 Buzz 锁。任何处于自旋状态的进程都可以读取它,它们中最快的那个将递增此值并进入临界区。

10.9 信　号　灯

信号灯被用来保护临界区中的代码和数据。请记住每次对临界区数据来说,如描述某个目录 VFS Inode 的访问,是通过代表进程的核心代码来进行的。允许某个进程擅自修改由其他进程使用的临界区数据是非常危险的。防止此问题发生的一种方式是在被存取临界区周围使用 Buzz 锁,但这种简单的方式将降低系统的性能。Linux 使用信号灯来迫使某个时刻只有唯一进程访问临界区代码和数据,其他进程都必须等待资源被释放才可使用。这些等待进程将被挂起而系统中其他进程可以继续运行。

一个 Linux semaphore 结构包含了以下信息。

1. count

此域用来保存希望访问此资源的文件个数。当它为正数时表示资源可用;负数和 0 表示进程必须等待。当它初始值为 1 时表示一次仅允许一个进程来访问此资源。当进程需要此资源时,它们必须将此 count 值减 1 并且在使用完后将其加 1。

2. waking

这是等待此资源的进程个数,同时也是当资源可利用时等待被唤醒的进程个数。

3. wait queue

当进程等待此资源时,它们被放入此等待队列。

4. lock

访问 waking 域时使用的 Buzz 锁。

假设此信号灯的初始值为 1,第一个使用它的进程看到此记数为正数,然后它将其减去 1 而得到 0。现在此进程拥有了这些被信号灯保护的段代码和资源。当此进程离开临界区时它将增加此信号灯的记数值,最好的情况是没有其他进程与之争夺临界区的控制权。Linux 将信号灯设计成能在多数情况下有效工作。

如果此时另外一个进程希望进入此已被别的进程占据的临界区时,它也将此记数减 1。当它看到此记数值为 −1 时,则它知道现在不能进入临界区,必须等待到此进程退出使用临界区为止。在这个过程中 Linux 将让这个等待进程睡眠。等待进程将其自身添加到信号灯的等待队列中，然后系统在一个循环中检验 waking 域的值，并当 waking 非 0 时调用调度管理器。

临界区的所有者将信号灯记数值加 1，但是如果此值仍然小于等于 0 则表示还有等待此资源的进程在睡眠。在理想情况下，此信号灯的记数将返回到初始值 1 而无须做其他工作。所有者进程将递增 waking 记数并唤醒在此信号灯等待队列上睡眠的进程。当等待进程醒来时，它发现 waking 记数值已为 1，那么它知道现在可以进入临界区了。然后它将递减 waking 记数，将其变成 0 并继续。所有对信号灯 waking 域的访问都将受到使用信号灯的 Buzz 锁的保护。

本章小结

本章主要描述 Linux 进程、线程、内存寻址及其核心为使核心其他部分能有效工作而提供的几个常用任务与机制。

习　题

1. 什么是进程？进程具有哪些主要特性？比较进程与程序之间相同点与不同点。
2. 有几种类型进程队列？每类各应设置几个队列？
3. 为什么说中断是进程切换的必要条件，但不是充分条件？

第11章 Linux 网络管理

Linux 的网络功能非常强大，提供以 TCP/IP 协议为核心的系统网络服务功能。为了适应 Internet/Intranet 的网络建设和访问服务的需要，基于 TCP/IP 协议的网络应用以及网络管理已成为当今重点和焦点的 IT 技术。随着网络规模和复杂性的增加，为了向网络用户提供既可靠又经济的信息传输服务，网络管理已成为现代网络发展中不可缺少的一部分。

Linux 作为一个多任务、多用户的操作系统，以其良好的稳定性赢得了广大用户，并迅速发展成操作系统中的主流。Linux 操作系统的网络功能十分强大，其衍生出来的应用也越来越广泛，主要是 Internet 和 Intranet 服务及网络互连服务。通过介绍 Linux 网络基本配置文件来进一步了解其网络管理的原理和感知其强大的网络功能。

11.1 网络管理的功能

随着计算机网络的发展和普及，网络管理越来越重要。大的、复杂的、由异构型设备组成的计算机网络靠人工是无法管理的，没有功能强大的管理工具和有效的管理技术是无法组织网络协调而高效地运行的。OSI 网络管理标准定义了网络管理的最基本的五大功能，分别是：配置管理、性能管理、故障管理、安全管理和计费管理。实际上，网络管理还应包含一些其他的功能，例如网络规划、网络操作人员的管理等。由于除了五大基本的网络管理功能以外，实现其他的网络管理功能都与网络具体的实际条件相关联，所以只需要关注 OSI 网络管理标准中的网络五大基本功能。

ISO 在 ISO/IEC 7498-4 文档中定义了网络管理的五大功能，并被广泛接受。

11.1.1 配置管理

配置管理非常重要。它用于初始化网络和配置网络，使系统能提供网络服务。配置管理是一个通信网络对象所必需的功能，具有辨别、定义、控制和监视四方面的内容，是以实现某个特定功能或使网络性能达到最优状况为最终目的的。

配置管理包括以下几点：

(1) 设置开放系统中有关路由操作的参数；

(2) 被管对象和被管对象组名字的管理；

(3) 初始化或关闭被管对象；

(4) 根据要求收集系统当前状态的有关信息；

(5) 获取系统重要变化的信息；

(6) 更改系统的配置。

11.1.2 性能管理

性能管理是用来评估系统性能的,包括对系统资源的运行状况和通信效率等进行的评估。其能力包括对被管网络和其所提供服务的性能机制的监视以及分析。性能分析的结果是为了维护网络性能,可能触发某个诊断测试过程或进行重新配置。性能管理进行数据信息的收集,分析被管网络当前状况,同时维护和分析性能日志。一些典型的功能包括:

(1) 收集统计信息;

(2) 维护并检查系统状态日志;

(3) 确定自然和人工状况下系统的性能;

(4) 改变系统操作模式以进行系统性能管理的操作。

11.1.3 故障管理

故障管理是网络管理最基本的功能之一。所有用户都希望有一个可靠运作的计算机网络。当网络中某个组成失效时,网络管理器必须迅速查找到故障所在并进行及时排除。通常情况下,迅速隔离某个故障的可能性不大,因为产生网络故障的因素常常都是很复杂的,尤其是由多个网络组成共同引起的故障。在这种状况下,一般应该先将网络进行修复,接着再分析故障的原因。通过分析故障原因可以防止类似故障的再度发生,这对网络的可靠性能是相当重要的。网络故障管理包括故障检测、隔离和纠正三方面,应包括以下典型功能:

(1) 维护并检查错误日志;

(2) 接收错误检测报告并作出响应;

(3) 跟踪、辨认错误;

(4) 执行诊断测试;

(5) 纠正错误。

11.1.4 安全管理

网络的安全性一直都是网络最薄弱的环节之一,然而用户对网络安全的要求又是非常高的,所以网络的安全管理显得尤为重要。网络中重大安全问题主要包括以下几方面:网络数据的私有性(数据隐藏,禁止网络数据被侵入者非法获取)、授权(authentication)(禁止侵入者在网络上发送错误信息)、访问控制(控制对网络资源的访问权限)。与上述问题相应的,网络的安全管理就应该包含对授权机制、访问控制、加密以及加密关键字的管理,除此之外还需要维护和检查安全日志。包括:

(1) 创建、删除、控制安全服务和机制;

(2) 与安全相关信息的分布;

(3) 与安全相关事件的报告。

11.1.5 计费管理

计费管理是用来记录网络资源的使用情况的,目的是为了控制和监测网络操作的费用和代价。在一些公共商业的网络管理中,计费管理显得尤为重要。它可以对用户使用网络资源可能需要的费用进行评估，还有对已经使用的资源的评估管理。网络管理人员还可以规定用户使用的最大费用，继而控制和管理用户过多占用和使用网络资源，从另一方面提高了网络的运作效率和资源的利用率。

11.2 Linux网络基本配置

这里主要讲述Linux的网络基本配置，还包括Apache服务器、DHCP服务器、FTP服务器以及Proxy代理服务器的基本配置。

作为网络操作系统，Linux以其性能优越、对硬件要求低、网络安全性能高以及网络服务软件完全自由免费等特点，相对于微软的Windows操作系统具有更大的优越性。这也是在实际应用中，Linux作为网络服务器的操作系统方面受到越来越多网络管理者欢迎和应用而在桌面操作系统方面应用极少的重要原因。

11.2.1 Linux网络的基本设置

1. 图形化方式

Linux主机要与其他主机进行连接和通信时，必须进行正确的网络配置。网络配置一般包括网卡的IP地址的配置、子网掩码、默认网关等的配置。

在Red Hat Linux中可以按以下两种方式进行网络配置：

(1) 单击"主菜单"|"系统设置"|"网络"；

(2) 在提示符下输入"redhat-config-network"命令来进行网络配置。

2. 非图形化方式

直接利用vi编辑器修改配置文件。Linux下的网卡配置文件是/etc/sysconfig/network-scripts/ifcfg-eth0，具体内容如表11-1所示。

表 11-1

项目名称	功能
DEVICE=eth0	设定网卡类型为以太网卡
ONBOOT=yes	是否开机启动
BOOTPROTO=static	静态获取IP地址的方式，DHCP为自动
IPADDR=192.168.3.1	设定IP地址
NETMASK=255.255.255.0	设定子网掩码
NETWORK=192.168.3.0	设定该网卡所处的网络地址
BROADCAST=192.168.3.255	设定广播地址
GATEWAY=192.168.3.1	设定默认网关

注：/etc/sysconfig/network-scripts/ifcfg-eth0 每块网卡对应一个文件。

使用netconfig命令：该命令会在当前控制台打开一个文本图形化窗口，利用Tab键进行跳转，空格键进行选定。

11.2.2 使用ifconfig命令

该命令的功能是显示或者设置网络设备，具体用法如下。

1. 显示网卡的设置信息

```
#ifconfig                 显示当前活动网卡的信息
#ifconfig -a              显示所有网卡的设置信息
#ifconfig 网卡设备名      显示指定网卡的设置信息
```

2. 设置 IP 地址

```
#ifconfig 网卡设备名 IP 地址 netmask 子网掩码
#ifconfig eth0 192.168.1.3 netmask 255.255.255.0
```

这只是临时修改 IP,会立刻生效,但是重启后失效。

3. 禁用网卡

```
#ifconfig 网卡设备名  down  或  ifdown 网卡设备名
```

4. 启用网卡

```
#ifconfig 网卡设备名 up   或   ifup 网卡设备名
```

11.2.3 认识网络配置文件

与用户管理类似,Linux 系统采用纯文本文件来保存各种网络参数,其中主要的文件有/etc/network/interfaces、/etc/resolv.conf、/etc/hostname、/etc/hosts 这几个。

(1) /etc/network/interfaces——网络接口参数配置文件。

这个文件的内容就是设定网卡的主要参数文件,里面可以设定“network, IP, netmask, broadcast, gateway, 开机时的 IP 取得方式(DHCP, static), 是否激活”等。

要求在计算机上使用 cat 命令查看文件,理解各部分含义,示例如下。

```
student@Ubuntu:~ $ cat /etc/network/interfaces
# This file describes the network interfaces available on your system
# and how to activate them. For more information, see interfaces(5).
# The loopback network interface
auto lo                    //回环网络接口 io
iface lo inet loopback

iface eth0 inet static     //配置静态 IP
address 192.168.0.5        //IP 地址
netmask 255.255.255.0      //子网掩码
gateway 192.168.0.1        //网关
auto eth0                  //激活网络接口 eth0

auto eth1                  //激活网络接口 eth1
iface eth1 inet dhcp       //自动获得 IP 地址
```

系统有两个网络接口,其中 eth0 分配静态 IP 地址,eth1 动态获取 IP 地址。

(2) /etc/resolv.conf——DNS 域名解析的配置文件。

要求在计算机上使用 cat 命令查看文件,理解各部分含义,示例如下。

```
student@Ubuntu:~ $ cat /etc/resolv.conf
```

(3) /etc/hostname——主机名配置文件。

要求在计算机上使用 cat 命令查看文件,理解各部分含义,示例如下。

```
student@Ubuntu:~ $ cat /etc/hostname
```

(4) /etc/hosts——主机名列表文件。

要求在计算机上使用 cat 命令查看文件,理解各部分含义,示例如下。

```
student@Ubuntu:~ $ cat /etc/hosts
```

11.2.4 常用网络命令

计算机网络的主要优点是能够实现资源和信息的共享,并且用户可以远程访问信息。Linux 提供了一组强有力的网络命令来为用户服务,这些工具能够帮助用户登录到远程计算机上、传输文件和执行远程命令等。现介绍下列几个常用的有关网络操作的命令。

(1) ftp　传输文件。

(2) telnet　登录到远程计算机上。

(3) r-　使用各种远程命令。

(4) netstat　查看网络的状况。

(5) nslookup　查询域名和 IP 地址的对应。

(6) finger　查询某个使用者的信息。

(7) ping　查询某个机器是否在工作。

1. 使用 ftp 命令进行远程文件传输

ftp 命令是标准的文件传输协议的用户接口。ftp 是在 TCP/IP 网络上的计算机之间传输文件的简单有效的方法。它允许用户传输 ASCII 文件和二进制文件。在 ftp 会话过程中,用户可以通过使用 ftp 客户程序连接到另一台计算机上。从此,用户可以在目录中上下移动、列出目录内容、把文件从远程机拷贝到本地机上、把文件从本地机传输到远程系统中。

需要注意的是,如果用户没有那个文件的存取权限,就不能从远程系统中获得文件或向远程系统传输文件。为了使用 ftp 来传输文件,用户必须知道远程计算机上的合法用户名和口令。这个用户名/口令的组合用来确认 ftp 会话,并用来确定用户对要传输的文件可以进行什么样的访问。另外,用户显然需要知道对其进行 ftp 会话的计算机的名字或 IP 地址。

ftp 命令的功能是在本地机和远程机之间传送文件。该命令的一般格式如下:

```
$ ftp 主机名/IP
```

其中"主机名/IP"是所要连接的远程机的主机名或 IP 地址。在命令行中,主机名属于选项,如果指定主机名,ftp 将试图与远程机的 ftp 服务程序进行连接;如果没有指定主机名,ftp 将给出提示符,等待用户输入命令:

```
$ ftp ftp >
```

此时在"ftp>"提示符后面输入 open 命令加主机名或 IP 地址,将试图连接指定的主机。不管使用哪一种方法,如果连接成功,需要在远程机上登录。用户如果在远程机上有账号,就可以通过 ftp 使用这一账号并需要提供口令。

在远程机上的用户账号的读写权限决定该用户在远程机上能下载什么文件和将上载文件放到哪个目录中。如果没有远程机的专用登录账号，许多 ftp 站点设有可以使用的特殊账号，这个账号的登录名为“anonymous”（也称为匿名 ftp）。当使用这一账号时，要求输入 email 地址作为口令。如果远程系统提供匿名 ftp 服务，用户使用这项服务可以登录到特殊的、供公开使用的目录。

一般专门提供两个目录：pub 目录和 incoming 目录。pub 目录包含该站点供公众使用的所有文件，incoming 目录存放上载到该站点的文件。一旦用户使用 ftp 在远程站点上登录成功，将得到“ftp>”提示符。现在可以自由使用 ftp 提供的命令，可以用 help 命令取得可供使用的命令清单，也可以在 help 命令后面指定具体的命令名称，获得这条命令的说明。

最常用的命令有如下几种。

(1) ls 列出远程机的当前目录。

(2) cd 在远程机上改变工作目录。

(3) lcd 在本地机上改变工作目录。

(4) ascii 设置文件传输方式为 ASCII 模式。

(5) binary 设置文件传输方式为二进制模式。

(6) close 终止当前的 ftp 会话。

(7) hash 每次传输完数据缓冲区中的数据后就显示一个 # 号。

(8) get(mget) 从远程机传送指定文件到本地机。

(9) put(mput) 从本地机传送指定文件到远程机。

(10) open 连接远程 ftp 站点。

(11) quit 断开与远程机的连接并退出 ftp。

(12) ? 显示本地帮助信息。

(13) ! 转到 Shell 中。

下面简单将 ftp 常用命令作一介绍。

1) 启动 ftp 会话

open 命令用于打开一个与远程主机的会话。

该命令的一般格式是：

```
open 主机名/IP
```

如果在 ftp 会话期间要与一个以上的站点连接，通常只用不带参数的 ftp 命令。如果在会话期间只想与一台计算机连接，那么在命令行上指定远程主机名或 IP 地址作为 ftp 命令的参数。

2) 终止 ftp 会话

close、disconnect、quit 和 bye 命令用于终止与远程机的会话。close 和 disconnect 命令关闭与远程机的连接，但是使用户留在本地计算机的 ftp 程序中。quit 和 bye 命令都关闭用户与远程机的连接，然后退出用户机上的 ftp 程序。

3) 改变目录

“cd [目录]”命令用于在 ftp 会话期间改变远程机上的目录，lcd 命令改变本地目录，使用户能指定查找或放置本地文件的位置。

4）远程目录列表

ls命令列出远程目录的内容，就像使用一个交互Shell中的ls命令一样。

ls命令的一般格式是：

```
ls [目录] [本地文件]
```

如果指定了目录作为参数，那么ls就列出该目录的内容。如果给出一个本地文件的名字，那么这个目录列表被放入本地机上指定的这个文件中。

5）从远程系统获取文件

get和mget命令用于从远程机上获取文件。get命令的一般格式为：

```
get 文件名
```

用户还可以给出本地文件名，这个文件名是这个要获取的文件在本地机上创建时的文件名。如果不给出一个本地文件名，那么就使用远程文件原来的名字。

mget命令一次获取多个远程文件。mget命令的一般格式为：

```
mget 文件名列表
```

使用用空格分隔的或带通配符的文件名列表来指定要获取的文件，对其中的每个文件都要求用户确认是否传送。

6）向远程系统发送文件

put和mput命令用于向远程机发送文件。put命令的一般格式为：

```
put 文件名
```

mput命令一次发送多个本地文件，mput命令的一般格式为：

```
mput 文件名列表
```

使用用空格分隔的或带通配符的文件名列表来指定要发送的文件。对其中的每个文件都要求用户确认是否发送。

7）改变文件传输模式

默认情况下，ftp按ASCII模式传输文件，用户也可以指定其他模式。ascii和brinary命令的功能是设置传输的模式。用ASCII模式传输文件对纯文本是非常好的，但为避免对二进制文件的破坏，用户可以以二进制模式传输文件。

8）检查传输状态

传输大型文件时，可能会发现让ftp提供关于传输情况的反馈信息是非常有用的。hash命令使ftp在每次传输完数据缓冲区中的数据后，就在屏幕上打印一个“#”字符。本命令在发送和接收文件时都可以使用。

9）ftp中的本地命令

当使用ftp时，字符“!”用于向本地机上的命令Shell传送一个命令。如果用户处在ftp会话中，需要Shell做某些事，就很有用。例如，用户要建立一个目录来保存接收到的文件。如果输入“! mkdir new_dir”，那么Linux就在用户当前的本地目录中创建一个名为new_dir的目录。

从远程机grunthos下载二进制数据文件的典型对话过程如下：

```
$ ftp grunthos Connected to grunthos 220 grunthos ftp server Name (grunthos:pc): anonymous 331
  Guest login ok, send your complete e-mail address as password. Password: 230 Guest login ok,
  access restrictions apply. Remote system type is UNIX.
ftp > cd pub 250 CWD command successful.
ftp > ls 200 PORT command successful. 150 opening ASCII mode data connection for /bin/ls. total
  114 rog1 rog2 226 Transfer complete .
ftp > binary 200 type set to I.
ftp > hash Hash mark printing on (1024 bytes/hash mark).
  ftp > get rog1 200 PORT command successful. 150 opening BINARY mode data connection for rogl
  (14684 bytes). # # # # # # # # # # # # # 226 Transfer complete. 14684 bytes
received in 0.0473 secs (3e + 02 Kbytes/sec)
ftp > quit 221 Goodbye.
```

2. 使用 telnet 命令访问远程计算机

用户使用 telnet 命令进行远程登录。该命令允许用户使用 telnet 协议在远程计算机之间进行通信，用户可以通过网络在远程计算机上登录，就像登录到本地机上执行命令一样。为了通过 telnet 登录到远程计算机上，必须知道远程机上的合法用户名和口令。虽然有些系统确实为远程用户提供登录功能，但出于对安全的考虑，要限制来宾的操作权限，因此，这种情况下能使用的功能是很少的。当允许远程用户登录时，系统通常把这些用户放在一个受限制的 Shell 中，以防系统被怀有恶意的或不小心的用户破坏。用户还可以使用 telnet 从远程站点登录到自己的计算机上，检查电子邮件、编辑文件和运行程序，就像在本地登录一样。

但是，用户只能使用基于终端的环境而不是 X Windows 环境，telnet 只为普通终端提供终端仿真，而不支持 X Window 等图形环境。telnet 命令的一般形式为：

```
telnet 主机名/IP
```

其中"主机名/IP"是要连接的远程机的主机名或 IP 地址。如果这一命令执行成功，将从远程机上得到"login："提示符。使用 telnet 命令登录的过程如下：

$ telnet 主机名/IP 启动 telnet 会话。一旦 telnet 成功地连接到远程系统上，就显示登录信息并提示用户输入用户名和口令。如果用户名和口令输入正确，就能成功登录并在远程系统上工作。在 telnet 提示符后面可以输入很多命令，用来控制 telnet 会话过程，在 telnet 联机帮助手册中对这些命令有详细的说明。

下面是一台 Linux 计算机上的 telnet 会话举例：

```
$ telnet server. somewhere. com Trying 127.0.0.1 … Connected to serve. somewhere. com. Escape
  character is \'?]\'. "TurboLinux release 4. 0 (Colgate) kernel 2.0.18 on an I486
  login: bubba
password: Last login:Mon Nov 15 20:50:43 for localhost Linux 2. 0.6. (Posix). server: ~ $ server:
~ $ logout Connection closed by foreign host
$
```

用户结束了远程会话后，一定要确保使用 logout 命令退出远程系统。然后 telnet 报告远程会话被关闭，并返回到用户的本地机的 Shell 提示符下。

3. r-系列命令

除 ftp 和 telnet 以外，还可以使用 r-系列命令访问远程计算机和在网络上交换文件。使用 r-系列命令需要特别注意，因为如果用户不小心，就会造成严重的安全漏洞。用户发出一个 r-系列命令后，远程系统检查名为/etc/hosts. equiv 的文件，以查看用户的主机是否列在这个文件中。如果它没有找到用户的主机，就检查远程机上同名用户的主目录中名为.rhosts 的文件，看是否包括该用户的主机。如果该用户的主机包括在这两个文件中的任何一个之中，该用户执行 r-系列命令就不用提供口令。

虽然用户每次访问远程机时不用输入口令可能是非常方便的，但是它也可能会带来严重的安全问题。建议用户在建立/etc/hosts. equiv 和.rhosts 文件之前，仔细考虑 r-命令隐含的安全问题。

4. rlogin 命令

rlogin 是"remote login"(远程登录)的缩写。该命令与 telnet 命令很相似，允许用户启动远程系统上的交互命令会话。rlogin 的一般格式是：

```
rlogin [ -8EKLdx ] [ -e char ] [ -k realm ] [ - l username ] host
```

一般最常用的格式是：

```
rlogin host
```

该命令中各选项的含义如下。

-8 此选项始终允许 8 位输入数据通道。该选项允许发送格式化的 ANSI 字符和其他的特殊代码。如果不用这个选项，除非远端的终止和启动字符不是或，否则就去掉奇偶校验位。

-E 停止把任何字符当作转义字符。当和-8 选项一起使用时，它提供一个完全的透明连接。

-K 关闭所有的 Kerberos 确认。只有与使用 Kerberos 确认协议的主机连接时才使用这个选项。

-L 允许 rlogin 会话在 litout 模式中运行。要了解更多信息，可查阅 tty 联机帮助。

-d 打开与远程主机进行通信的 TCP sockets 的 socket 调试。要了解更多信息，可查阅 setsockopt 的联机帮助。

-e 为 rlogin 会话设置转义字符，默认的转义字符是"～"，用户可以指定一个文字字符或一个\\nnn 形式的八进制数。

-k 请求 rlogin 获得在指定区域内的远程主机的 Kerberos 许可，而不是获得由 krb_realmofhost(3)确定的远程主机区域内的远程主机的 Kerberos 许可。

-x 为所有通过 rlogin 会话传送的数据打开 DES 加密。这会影响响应时间和 CPU 利用率，但是可以提高安全性。

5. rsh 命令

rsh 是"remote shell"(远程 Shell)的缩写。该命令在指定的远程主机上启动一个 Shell 并执行用户在 rsh 命令行中指定的命令。如果用户没有给出要执行的命令，rsh 就用 rlogin 命令使用户登录到远程机上。

rsh 命令的一般格式是：

```
rsh [ -Kdnx] [ -k realm] [ -l username] host [command]
```

一般常用的格式是：

```
rsh host [command ]
```

command 可以是从 Shell 提示符下输入的任何 Linux 命令。

rsh 命令中各选项的含义如下。

-K 关闭所有的 Kerbero 确认。该选项只在与使用 Kerbero 确认的主机连接时才使用。

-d 打开与远程主机进行通信的 TCP sockets 的 socket 调试。要了解更多的信息，请查阅 setsockopt 的联机帮助。

-k 请求 rsh 获得在指定区域内的远程主机的 Kerberos 许可，而不是获得由 krb_relmofhost(3)确定的远程主机区域内的远程主机的 Kerberos 许可。

-l 缺省情况下，远程用户名与本地用户名相同。本选项允许指定远程用户名，如果指定了远程用户名，则使用 Kerberos 确认，与在 rlogin 命令中一样。

-n 重定向来自特殊设备/dev/null 的输入。

-x 为传送的所有数据打开 DES 加密。这会影响响应时间和 CPU 利用率，但是可以提高安全性。

Linux 把标准输入放入 rsh 命令中，并把它拷贝到要远程执行的命令的标准输入中。它把远程命令的标准输出拷贝到 rsh 的标准输出中。它还把远程标准错误拷贝到本地标准错误文件中。任何退出、中止和中断信号都被送到远程命令中。当远程命令终止了，rsh 也就终止了。

6. rcp 命令

rcp 代表"remote file copy"(远程文件拷贝)。该命令用于在计算机之间拷贝文件。

rcp 命令有两种格式。第一种格式用于文件到文件的拷贝；第二种格式用于把文件或目录拷贝到另一个目录中。

rcp 命令的一般格式如下：

```
rcp [ - px] [ - k realm] file1 file2 rcp [ - px] [ - r] [ - k realm] file
```

directory 每个文件或目录参数既可以是远程文件名也可以是本地文件名。远程文件名具有如下形式：

```
rname@rhost: path
```

其中，rname 是远程用户名，rhost 是远程计算机名，path 是这个文件的路径。

rcp 命令的各选项含义如下。

-r 递归地把源目录中的所有内容拷贝到目的目录中。要使用这个选项，目的必须是一个目录。

-p 试图保留源文件的修改时间和模式，忽略 umask。

-k 请求 rcp 获得在指定区域内的远程主机的 Kerberos 许可，而不是获得由 krb_relmofhost(3)确定的远程主机区域内的远程主机的 Kerberos 许可。

-x 为传送的所有数据打开 DES 加密。这会影响响应时间和 CPU 利用率，但是可以提高安全性。

如果在文件名中指定的路径不是完整的路径名，那么这个路径被解释为相对远程机上同名用户的主目录。如果没有给出远程用户名，就使用当前用户名。如果远程机上的路径包含特殊 Shell 字符，需要用反斜线(\\)、双引号(")或单引号(')括起来，使所有的 Shell 元字符都能被远程地解释。需要说明的是，rcp 不提示输入口令，它通过 rsh 命令来执行拷贝。

7. route——操作路由表

(1) 添加主机路由。

```
student@Ubuntu:~ $ route add  - host  192.168.6.8  gw  192.168.0.2  eth0
student@Ubuntu:~ $ route
内核 IP 路由表
目标           网关           子网掩码          标志  跃点  引用  使用 接口
192.168.6.8   192.168.0.2   255.255.255.255  UH    0     0     0  eth0
```

目标 192.168.6.8 是一台主机,所以标志有 H(host,主机)。以后到网络 192.168 6.8 的地址数据包都经过接口 eth0 先传送到 IP 为 192.168.0.2 的主机,再通过其他的路由器(可能有,也可能没有),最后到达目的 192.168.6.8 主机。

(2) 添加网络路由。

```
student@Ubuntu:~ $ route add  - net 192.56.76.0  network 255.255.255.0  gw  192.168.0.3  eth0
student@Ubuntu:~ $ route
内核 IP 路由表
目标           网关           子网掩码          标志  跃点  引用  使用 接口
192.168.6.8   192.168.0.2   255.255.255.255  UH    0     0     0  eth0
192.56.76.0   192.168.0.3   255.255.255.0    U     0     0     0  eth0
```

目标 192.168.6.8 是一个网络,以后所有到网络 192.168 x. x 的地址数据包都经过接口 eth0 先传送到 IP 为 192.168.0.3 的主机,最后到达目的主机。

(3) 删除路由。

```
student@Ubuntu:~ $ route del  - host  192.168.6.8  gw  192.168.0.2  eth0
```

删除到 192.168.6.8 路由。

8. traceroute——显示本机到达目标主机的路由路径

测试从本地主机到 ubuntu.org.cn 的路径。

```
student@Ubuntu:~ $ traceroute ubuntu.org.cn
```

9. netstat——显示网络连接、路由表、网络接口统计数等信息

(1) 显示路由表,与 route 指令的功能相同。

```
student@Ubuntu:~ $ netstat - r
```

(2) 显示网络接口信息,与 ifconfig 指令的功能相同。

```
student@Ubuntu:~ $ netstat - i
```

显示出的内容与 ifconfig 类似,包括各种网卡的统计信息,如接收错误的包的数量。

(3) 显示正在监听网络服务。

```
student@Ubuntu:~ $ netstat - tul
```

注意查看结果,理解各项含义。

(4) 显示网络所有的连接。

```
student@Ubuntu:~ $ netstat - an
```

10. hostname——显示或设置系统的主机名

(1) 显示系统的主机名。

```
student@Ubuntu:~ $ hostname
```

(2) 把主机名设置为"student. ubuntu. com"。

```
student@Ubuntu:~ $ hostname student.ubuntu.com
```

11.3 DHCP 动态配置服务

动态主机配置协议(DHCP)是一种用于简化主机 IP 配置管理的 IP 标准。通过采用 DHCP 标准,可以使用 DHCP 服务器为网络上启用了 DHCP 的客户端管理动态 IP 地址分配和其他相关配置细节。

TCP/IP 网络上的每台计算机都必须有唯一的 IP 地址。IP 地址(以及与之相关的子网掩码)标识主机及其连接的子网。在将计算机移动到不同的子网时,必须更改 IP 地址。DHCP 允许用户通过本地网络上的 DHCP 服务器 IP 地址数据库为客户端动态指派 IP 地址。

11.3.1 DHCP 的工作原理

DHCP 也叫做动态主机服务,它的作用主要是为网络中的主机提供 IP 地址服务的。DHCP 采用 client/server 模式,客户机请求,服务端响应。

(1) 客户端向网络上广播 DHCP discover 包,内包含客户机的 MAX 地址。

(2) DHCP 服务器收到客户机的 DHCP discover 包后,发送一个 DHCP offer 广播包,内包含 IP 地址、DHCP 服务器 IP 等内容。

(3) 客户机收到第一个 DHCP 服务器发送的 DHCP discover 包后,再以广播的形式发送一个 DHCP request 包发给所有的 DHCP 服务器,内有一个 DHCP 服务器 IP,已经找到了一个 DHCP 了。

(4) 被选中的服务器再发一个 DHCP ack 广播包确认此 IP 的发放。

这个 IP 地址可以使用一半租期的时间,超过一半时间应续租,如果过了一半时间后找不到 DHCP 服务器,可以再使用四分之一时间,然后就过期了。用户就不能通过此 IP 地址进行通信了。具体过程如下。

(1) 发现阶段,即 DHCP 客户端寻找 DHCP 服务器的阶段。客户端以广播方式发送 DHCP discover 包,只有 DHCP 服务器才会响应。

(2) 提供阶段,即 DHCP 服务器提供 IP 地址的阶段。DHCP 服务器接收到客户端的 DHCP discover 报文后,从 IP 地址池中选择一个尚未分配的 IP 地址分配给客户端,向该客户端发送包含租借的 IP 地址和其他配置信息的 DHCP offer 包。

(3) 选择阶段,即 DHCP 客户端选择 IP 地址的阶段。如果有多台 DHCP 服务器向该客户端发送 DHCP offer 包,客户端从中随机挑选,然后以广播形式向各 DHCP 服务器回应 DHCP request 包,宣告使用它挑中的 DHCP 服务器提供的地址,并正式请求该 DHCP 服务器分配地址。其他所有发送 DHCP offer 包的 DHCP 服务器接收到该数据包后,将释放已经 offer(预分配)给客户端的 IP 地址。

如果发送给 DHCP 客户端的 DHCP offer 包中包含无效的配置参数,客户端会向服务器发送 DHCP cline 包拒绝接收已经分配的配置信息。

(4) 确认阶段,即 DHCP 服务器确认所提供 IP 地址的阶段。当 DHCP 服务器收到 DHCP 客户端回答的 DHCP request 包后,便向客户端发送包含它所提供的 IP 地址及其他配置信息的 DHCP ack 确认包。然后,DHCP 客户端将接收并使用 IP 地址及其他 TCP/IP 配置参数。

11.3.2 使用 DHCP 的好处

1. 安全而可靠的配置

DHCP 避免了由于需要手动在每个计算机上输入值而引起的配置错误。DHCP 还有助于防止由于在网络上配置新的计算机时重新使用以前已分配的 IP 地址而引起的地址冲突。

2. 减少配置管理

使用 DHCP 服务器可以大大降低用于配置和重新配置网上计算机的时间。可以配置服务器以在分配地址租约时提供全部的其他配置值。这些值是使用 DHCP 选项分配的。

另外,DHCP 租约续订过程还有助于确保客户端计算机配置需要经常更新的情况(如使用移动或便携式计算机频繁更改位置的用户),通过客户端计算机直接与 DHCP 服务器通信可以高效、自动地进行这些更改。

11.3.3 DHCP 服务器的安装

(1) 检查是否安装了 DHCP。

```
#rpm -q dhcp
dhcp-3.0pl1-23
```

(2) 若输出如上所示的软件名称,则说明已经安装。否则请按如下步骤进行安装。

① 放入 Red Hat Linux 9 的第二张光盘并加载光驱。

```
#mount  /mnt/cdrom
#cd /mnt/cdrom/RedHat/RPMS
```

② 安装 DHCP。

```
#rpm -ivh dhcp-3.0pl1-23.i386.rpm
```

③ 退出光盘。

```
#cd;eject
```

11.3.4 DHCP 的配置文件

编辑 DHCP 配置文件为以下内容。具体的实际的环境配置可以在以下配置文件的基础上进行修改,使其满足具体环境中的应用。

DHCP 的配置文件是/etc/dhcpd.conf,本身并不存在,需要手动创建。

```
vi /etc/DHCPd.conf
ddns-update-style interim;                          /*DHCP 支持的 DNS 动态更新方式*/
ignore client-updates;                              /*忽略客户端 DNS 动态更新*/
subnet 192.168.1.0 netmask 255.255.255.0 {          /*作用域网段*/
range 192.168.1.11 192.168.1.100;                   /*IP 地址段范围*/
option routers 192.168.1.1;                         /*网关地址*/
option subnet-mask 255.255.255.0;                   /*子网掩码*/
option domain-name "koumm.com";                     /*域名*/
option domain-name-servers 192.168.1.1,202.103.24.68; /*DNS IP*/
option broadcast-address 192.168.16.255;            /*广播地址*/
default-lease-time 86400;                           /*租期 1 天,秒数*/
max-lease-time 172800;                              /*最长租期 2 天*/
/*绑定 pc1 主机 IP 地址配置*/
host pc1 {
hardware ethernet 00:a0:cc:cf:9C:14;                /*绑定机 MAC 地址*/
fixed-address 192.168.1.20;                         /*最长租期 2 天*/
}
host pc2 {
hardware ethernet 04:20:c1:f8:37:11;
fixed-address 192.168.1.30;
}
}
```

但是完成软件包的安装后,DHCP 软件包会再给出一个例子文件:/usr/share/doc/dhcp-3.0pl1/dhcpd.conf.sample,可以将其复制至/etc 目录下,并改名为 dhcpd.conf。

dhcpd.conf 结构如下:

```
#利用 subnet 定义 DHCP 作用域,一个网段应定义一个作用域
subnet 子网 1 netmask 子网掩码 {
option routers 默认网关地址;
range [dynamic-bootp]low-address [high-address]; #指定分配范围
option broadcast-address 网络地址;                #指定该网段广播地址
option domain-name-servers IP1[,IP2];             #指定该子网的 DNS 服务器,多个 IP 间用,隔开
[其他可选设置]
}
#设置特殊主机
group {
    组配置项设置
    host 主机名 1 {
    hardware ethernet 网卡物理地址;
    对该主机的设置;
    }
host 主机名 2 {
    hardware ethernet 网卡物理地址;
    对该主机的设置;
    }
}
```

11.3.5 DHCP 服务的启停

DHCP 服务器配置完成后,必须启动该服务。

```
#service dhcpd start    #启动 DHCP
```

```
#service dhcpd stop        #停止 DHCP
#service dhcpd restart     #重启 DHCP
#service dhcpd status      #检查服务的运行状态
```

注：*设置系统启动时自动启动 DHCP 服务，执行：#ntsysv 命令，或通过图形界面设置。*

实例：在 Linux(192.168.1.3)系统上架设一 DHCP 服务器，为该网络中的其他机器分配 192.168.1.10～192.168.1.100 范围内的 IP 地址，同时分配其网关为：192.168.1.1，DNS 服务器为：192.168.1.2；同时为物理地址为 00:0c:24:36:1A:2E 的网卡，分配固定的 IP 地址，地址为 192.168.1.201，为物理地址为 00:0c:24:36:1A:6C 的网卡，分配固定的 IP 地址，地址为 192.168.1.202，这两台主机的网关为 192.168.1.200。

解决方案：首先确保 DHCP 服务器 IP 为静态地址 192.16.1.3/24。

dhcpd.conf 配置文件如下：

```
#全局配置
ddns - update - style interim; #设定 DNS 的动态更新方式
ignore client - updates;  #不允许动态更新 DNS
subnet 192.168.1.0 netmask 255.255.255.0 {
range 192.168.1.10 192.168.1.100; #设定分配范围
option subnet - mask 255.255.255.0; #设定子网掩码
option routers 192.168.1.1; #设定网关
option domain - name - servers 192.168.1.2; #设定 DNS 服务器
若客户端为 Linux,该项会自动写入客户端的/etc/resolv.conf 中 }
group{
option routers 192.168.1.200; host redfile {
hardware ethernet 00:0c:24:36:1A:2E;
fixed - address192.168.10.201;}
host reddata {
hardware ethernet 00:0c:24:36:1A:6C;
fixed - address192.168.10.202;} }
```

11.3.6 编辑推荐实例：Linux DHCP 配置 中继代理

只要是安装了 DHCP 服务，也就自动安装了 DHCP 中继代理 dhcrelay。中继代理服务默认监听所有接口上的 DHCP 请求，也可以只是监听某一个网卡上的请求。

DHCP 中继代理配置文件如下：

```
/etc/sysconfig/dhcrelay
vi /etc/sysconfig/dhcrelay
# Command line options here
INTERFACES = "eth1 eth2"
DHCPSERVERS = "192.168.1.1"
```

也可以通过以下命令方式来实现：

```
dhcrelay  - i eth1  - i eth2 192.168.1.1
```

Linux DHCP 配置完成后，重新启动 DHCP 服务。

1. DHCP 服务管理

DHCP 服务安装好后没有开启，验证如下。

```
chkconfig -- list |grep DHCPd
DHCPd 0: 关闭 1: 关闭 2: 关闭 3: 关闭 4: 关闭 5: 关闭 6: 关闭
chkconfig -- level 345 DHCPd on 设为开机自动运行
/etc/init.d/DHCPd restart 或 service DHCPd restart 重启服务
```


2. DHCP 客户端配置

```
Linux 客户端
vi /etc/sysconfig/network - scripts/ifcfg - eth0
DEVICE = eth0 网卡设备
BOOTPROTO = DHCP 动态 IP 设置就为 DHCP
BROADCAST = 192.168.1.255 广播地址
HWADDR = 00:0C:29:49:D0:59 MAC 地址
IPADDR = 192.168.1.10 本机 IP 地址
NETMAST = 255.255.255.0 子网掩码
NETWORK = 192.168.1.0 网络号
ONBOOT = yes 开机时激活网卡
```

3. DHCP 服务验证

1）服务器端验证

查看 DHCP 租约文件如下：

```
cat /var/lib/DHCP/DHCPd.leases
# This lease file was written by isc - DHCP - V3.0pl1
lease 192.168.1.100 {
starts 3 2009/01/21 12:26:31;
ends 4 2009/01/22 12:26:31;
binding state active;
next binding state free;
hardware ethernet 00:0c:29:3b:20:d5;
}
```

查看系统日志文件如下：

```
cat /var/log/messages
…
Jan 21 20:25:23 Linux 1 月 21 20:25:23 DHCPd: Listening on
Jan 21 20:25:23 Linux 1 月 21 20:25:23 DHCPd: Sending on
Jan 21 20:25:23 Linux 1 月 21 20:25:23 DHCPd: Sending on
Jan 21 20:25:23 Linux 1 月 21 20:25:23 DHCPd: DHCPd 启动 succeeded
Jan 21 20:26:30 Linux DHCPd: DHCPDISCOVER from 00:0c:29:3b:20:d5 via eth0
Jan 21 20:26:31 Linux DHCPd: DHCPOFFER on 192.168.1.100 to 00:0c:29:3b:20:d5 via eth0
Jan 21 20:26:31 Linux DHCPd: DHCPREQUEST for 192.168.1.100 (192.168.1.8) from 00:0c:29:3b:
  20:d5 via eth0
Jan 21 20:26:31 Linux DHCPd: DHCPACK on 192.168.1.100 to 00:0c:29:3b:20:d5 via eth0
```

2）客户端验证

IP 地址验证：ifconfig

网关：/etc/sysconfig/network

DNS：/etc/resolv.conf

11.4 Samba 服务器的安装与配置

Samba 是一个工具套件，在 UNIX 上实现 SMB(Server Message Block)协议，或者称之为 NetBIOS/LanManager 协议。SMB 协议通常被 Windows 系列用来实现磁盘和打印机共享。Samba 是把 SMB 绑定到 TCP/IP 上实现的，Samba 只在 IP 子网内广播(很多时候不得不指定 IP 地址。所以在 Windows 95 上与 Samba 通信既要装 NetBEUI 协议，也要装 TCP/IP 协议。

1. 安装 Samba 服务器的 RPM 包

像在 Linux 下安装配置其他服务一样，先要安装 Samba 有关的 RPM 包。

(1) Samba-common：包括 Samba 服务器和客户端均需要的文件。

(2) Samba：Samba 服务端软件。

(3) Samba：Samba 客户端软件。

说明一下，列出这些要安装的 RPM 包只是为了说明清楚些，其实只要用个“samba *”就全搞定了。

```
[root@linux root]# mount /mnt/cdrom
[root@linux root]# cd /mnt/cdrom/RedHat/RPMS/
[root@linux RPMS]# rpm -ivh rpmdb-redhat-9-0.20030313.i386.rpm
warning: rpmdb-redhat-9-0.20030313.i386.rpm: V3 DSA signature: NOKEY, key ID db42a60e
Preparing...        ########################################### [100%]
1: rpmdb-redhat     ########################################### [100%]
```

这一步是准备工作，把 Red Hat 9 的 C 盘中的 rpmdb-redhat 包安装上，可以解决安装时的依赖关系错误。

```
[root@linux RPMS]# cd
[root@linux root]# umount /dev/cdrom
[root@linux root]# mount /mnt/cdrom
```

既然 Samba 的包都在 Red Hat 9 的 A 盘上，就在光驱中放入 A 盘，用 mount 命令挂载一下。

```
mount: /dev/cdrom already mounted or /mnt/cdrom busy
mount: according to mtab, /dev/cdrom is already mounted on /mnt/cdrom
[root@linux root]# cd /mnt/cdrom/RedHat/RPMS/
[root@linux RPMS]# rpm -ivh samba* --aid
```

安装所有以 Samba 开头的包，加上--aid 参数，就把安装时所需的其他包也安装上了，很方便。

```
warning: samba-2.2.7a-7.9.0.i386.rpm: V3 DSA signature: NOKEY, key ID db42a60e
Preparing...   ########################################### [100%]
1:libjpeg      ########################################### [ 14%]
2:libtiff      ########################################### [ 29%]
3:libpng          ########################################### [ 43%]
```

```
4:cups-libs       ######################################### [ 57%]
5:samba-common    ########################################     [ 71%]
6:samba           ######################################### [ 86%]
7:samba-client    ######################################### [100%]
```


2. 修改配置文件

```
[root@linux RPMS]# vi  /etc/samba/smb.conf
```

在[global]部分做如下修改。

(1) workgroup＝WORKGROUP　　(改一下工作组名)

(2) hosts allow＝192.168.138.　　(写一个允许访问这服务器的网段,末尾有".")

(3) security＝user

Samba 有以下四种安全等级。

share：用户不需要账户及密码即可登录 Samba 服务器。

user：由提供服务的 Samba 服务器负责检查账户及密码(默认)。

server：检查账户及密码的工作由另一台 Windows 或 Samba 服务器负责。

domain：指定 Windows 域控制服务器来验证用户的账户及密码。

(4) encrypt passwdords＝yes　　(去掉前面的注释";")

smb passwd file＝/etc/samba/smbpasswd　(密码文件的位置)

在文件末尾添加如下内容：

```
[samba]                             (共享文件夹名)
comment = This is my samba server   (这是注释行,可以不写东西)
path = /samba                       (指定要共享文件的位置)
writable = yes
browseable = yes
read only = yes
create mode = 0664                  (这是文件权限)
directory mode = 0777               (这是目录权限)
```

保存退出。

vi 编辑器使用：按"i",修改添加；先按 Esc 键,再按"："输入"wq"即是保存退出,输入"q!"是不存盘退出。

3. 启动 Samba 服务

```
[root@linux samba]# service smb start        (启动 Samba 服务)
Starting SMB services: [  OK  ]
Starting NMB services: [  OK  ]
[root@linux samba]# testparm                 (检查配置文件的正确性)
Load smb config files from /etc/samba/smb.conf
Processing section "[homes]"
Processing section "[printers]"
Processing section "[samba]"
Loaded services file OK.
Press enter to see a dump of your service definitions
```

4. 创建一个 Samba 用户

该用户在 Windows 下有没有都无所谓。

1）建一个系统用户

```
[root@linux samba]# useradd   samba            (建一个名叫 Samba 的用户)
[root@linux samba]# passwd samba               (给 Samba 用户添加密码)
Changing password for user samba.
New password:                                  (密码要六位以上,不显示在屏幕上)
BAD PASSWORD: it does not contain enough DIFFERENT characters
Retype new password:                           (确认密码)
passwd: all authentication tokens updated successfully
```

2）然后创建 Samba 账户

```
[root@linux samba]# smbpasswd  - a samba
```

(-a 必须加,为了生成密码文件 smbpasswd,该密码是 Windows 登录 Linux 的 Samba 用户密码)

```
New SMB password:
Retype new SMB password:
unable to open passdb database.
Added user samba.
```

3）查看一下生成的用户名、密码

```
[root@linux samba]# vi /etc/samba/smbpasswd
samba:500:A9C604D244C4E99DAAD3B435B51404EE:ACB98FD0478427CD18949050C5E87B47:
[UX]:LCT - 468268E6:
```

4）重新启动 Samba 服务

```
[root@linux samba]# service smb restart
Shutting down SMB services: [   OK   ]
Shutting down NMB services: [   OK   ]
Starting SMB services: [   OK   ]
Starting NMB services: [   OK   ]
```

5. 最后阶段,进行测试

(1) 先按照主配置文件所指定的位置,建好要共享的资源。

```
[root@linux usr]# mkdir samba        (建/usr/samba 文件夹)
[root@linux usr]# chmod 777 /usr/samba   (Samba 服务器受本地文件系统权限和共享权限两种权
    限,而且是取最严格的权限,为了方便就把本地权限都给足好了)
[root@linux usr]# cd samba
[root@linux samba]# vi aaa.txt
```

(2) 在 Windows 客户机的地址栏中输入 Samba 服务器 IP(如"\\192.168.138.110"),在 Linux 搭建的 Samba 服务器上资源可以供 Windows 客户端访问了。

11.5 Linux 下 DNS 服务器的配置

DNS 是域名系统(Domain Name System)的缩写,它是由解析器和域名服务器组成的。域名系统为 Internet 上的主机分配域名地址和 IP 地址。用户使用域名地址,该系统就会自动把域名地址转为 IP 地址。域名服务是运行域名系统的 Internet 工具。执行域名服务的服务器称之为 DNS 服务器,通过 DNS 服务器来应答域名服务的查询。

11.5.1 域名解析的基本概念

Linux 下的 DNS 功能是通过 bind 软件实现的。bind 软件安装后,会产生几个固有文件,分为两类,一类是配置文件在/etc 目录下,一类是 DNS 记录文件在/var/named 目录下。加上其他相关文件,共同设置 DNS 服务器。

1. 域名解析的意义

实现域名和 IP 地址之间的转换过程。

2. 域名解析的方法

HOSTS 文件:在网络中的每台主机都用一个文本文件来存放域名和 IP 地址的对照表,适用于小型网络(文本文件)。

NIS 服务器:用 NIS 数据库存放的解析记录,适用于中型网络。

DNS 服务器:域名解析信息分布存储在网络中每台主机,实现分布式解析,适用于大型网络。

11.5.2 DNS 的工作体系

域名空间是标识一组主机并提供它们的有关信息的树结构的详细说明。树上的每一个节点都有它控制下的主机的有关信息的数据库。查询命令试图从这个数据库中提取适当的信息。简单地说,这只是所有不同类型信息的列表,这些信息是域名、IP 地址、邮件别名和那些在 DNS 系统中能查到的内容。

域名服务器是保持并维护域名空间中的数据的程序。每个域名服务器含有一个域名空间子集的完整信息,并保存其他有关部分的信息。一个域名服务器拥有它控制范围的完整信息。控制的信息按区进行划分,区可以分布在不同的域名服务器上,以便为每个区提供服务。每个域名服务器都知道每个负责其他区的域名服务器。如果来了一个请求,它请求给定域名服务器负责的那个区的信息,那么这个域名服务器只是简单地返回信息。但是,如果请求是不同区的信息,那么这个域名服务器就要与控制该区的相应服务器联系。

解析器是简单的程序或子程序库,它从服务器中提取信息以响应对域名空间中主机的查询。

配置转换程序的过程如下:使用 DNS 的第一步是在用户的计算机上配置转换程序,即让机器能够从 DNS 服务器中获取域名解析/反解析服务。转换程序不是一个单独而明确的处理进程,而是网络进程调用的一个标准 C 程序库。如果本地系统不运行 named,就必须配置本地转换程序。

转换程序控制文件是/etc/host.conf。

11.5.3 DNS 的配置

1. 安装 bind 软件(9.0)

```
#rpm - ivh bind
```

相关文件如下：

```
/etc/named.conf
/etc/rc.d/init.d/named
/var/named.ca
/var/named/localhosts.zone
/etc/resolo.conf
/etc/host.conf
/var/named.conf
/var/named.local
```

2. 修改 named.conf

内容：

```
option {
选项;
…
}
zone {
选项…
}
include  "…";
```

说明如下。

1) option 声明

作用：定义 DNS 的属性。

格式：

```
option{
directory "/var/named"; #定义区域文件的存放的位置
};
```

2) zone 声明

作用：定义一个区划域。

格式：

```
zone "区域名" IN {
type __ master Type - slave;
#定义区域类型
file "文件名";
#定义区域文件名
};
```

3) include 选项

```
#包含配置文件
```

建立区域正向 linux. net 和反向区域指向 192.168.0.0./24。

```
# vi /etc/named.conf
```

修改后的文件内容如下：

```
option {
directory "/var/named";
};
正向域: zone "." IN {
type:hint;
file: "/named.ca";
zone"localhost.zone";
{
type master;
file  "localhost.zone";
反向区域: zone "0.0.0.127.in-addr.arpa" IN {
type master;
file "named.local";
zone "linux.net" in {
type master ;
file "linux.zone";
zone "0.168.192.in-addr.arpa" in{
type master;
file "linux.rev";
};
include "/etc/rndc.key";
```

3. 创建区域文件

作用：存放区域的信息记录。

格式：由若干条记录组成。

```
[name] [ttl] [in] [type] [值]
```

反向区域文件主要由 SOA NS PTR 记录构成。

4. DNS 配置实例

(1) 要求：建立一个正向区域文件(linux. cn)。

具体如下：

① 将 linux. cn 授权于 www. linux. cn 主机。且管理员 mail 为

```
[email=admini@linux.cn]admini@linux.cn[/email]
```

② linux. cn 区域的域名服务器为 192.168.0.1；

③ 指定 linux. cn 域的 IP:192.168.0.1；

④ 建立主机 www IP 为 192.168.0.1；

⑤ 建立主机 www 的别名为 mail。

(2) 要求：建立反向区域文件 linux. rev。

具体如下：

① 授权于 www. linux. cn 管理员 mail 为

```
[email=root@linux.cn]root@linux.cn[/email]
```

② 主机指向 www. linux. cn。

```
@   IN  SOA  localhost  root
www.linux.cn.
.  root.linux.cn.
ID  IN  NS 192.168.0.1
IN  PRT  www.linux.cn.
```

(3) 启动 DNS 记录。

```
#/etc/rc.d/init.d/named start
```

11.5.4 DNS 客户机的配置

(1) Windows 系统的配置。

(2) UNIX/Linux 操作系统配置。

```
#vi /etc/host.conf
order hosts.bind
#vi /etc/resolv.conf
nameserver
```

11.5.5 测试 DNS 服务器

使用 nslookup 命令进行测试。

```
#nslookup
>linux.cn
```

11.5.6 案例

利用 bind 软件将主机动性 dns. linux. net 主机制作成一个 DNS 服务器；

具体要求如下：

(1) 该服务器负责正向区域 linux. net 的解析，且 IP 地址为 192. 168. 3. 1；

(2) linux. net 区域的 mail 服务器是 192. 168. 30. 2；

(3) 在 linux. net 区域中有一条记录分别是 www. linux. net ip：192. 168. 3. 1 mail. linux. net ip：192. 168. 3. 1；

(4) 将 dns. linux. net 主机的 DNS 服务器 IP 为 192. 168. 3. 1。

配置过程如下。

```
#vi /etc/named.conf
```

(1) 在文件添加以下内容：

```
zone"linux.net" IN {
TYPE MASTER;
FILE "LINUX.ZONE";
};
#cd /var/named
```

```
#cp localhost.zone  linnx.zone]
#vi linux.zone
$TTL 886400
$ORIGIN LINUX.NET-(1)
@   ID   SOA @ ROOT
ID   IN NS 192.168.3.1
ID IN A 192.168.3.1
WWW. IN A 192.168.3.1
MAIL IN A 192.168.3.1
LINUX.NET IN MX  8  192.168.3.2
#vi /etc/resolv.conf
```

(2) 添加如下选项：

```
nameserver 192.168.3.1
```

本章小结

Linux操作系统具有强大的网络功能，作为其网络功能实现的最基本的支撑是网络配置，了解并掌握Linux网络基本配置可以帮助我们进行网络管理，通过网络配置实习增强自身的理论、实践水平和能力，是作为网络专业人员必须经历的过程。Linux操作系统的网络功能十分强大，其衍生出来的应用也越来越广泛，主要是Internet和Intranet服务及网络互连服务，在进行这些服务时直接首要的认识是连接Internet。

习　　题

1. 简述ISO在ISO/IEC 7498-4文档中定义了网络管理的哪五大功能。
2. 如何进行Linux的DHCP服务器配置？
3. 请利用bind软件将主机动性dns.linux.net主机制作成一个DNS服务器。

第 12 章　操作系统的安全

操作系统的安全问题主要是漏洞、后门、恶意利用、篡改、误操作和管理缺陷等问题。要提高操作系统的安全性，就要从补漏洞、堵后门、减少误操作、加强管理、严防恶意行为和防破坏等几个方面认真考虑。

12.1 系统的安全

2002 年 7 月，我国发布并实施保护操作系统技术的安全标准 GA/T 388—2002，即《计算机信息系统安全等级保护操作系统技术要求》。操作系统安全保护的目标是：保护数据的完整性、真实性、可用性、保密性和不可抵赖性。为实现保护数据的目标，必须从操作系统的安全使用管理和安全保证两个方面考虑，安全使用管理包括登录操作系统和系统内部操作的安全问题；安全保证应提供安全可靠的操作环境，不应有后门和隐患。

1. 安全使用管理

1）强制安全性

强制安全性是指整个安全策略的定义与安全属性的分配都是由系统安全策略管理员全权控制的。与强制安全性相对应的是自主安全性，自主安全性体现在策略定义和安全属性分配上的自主特点，普通用户能够参与它的安全策略定义或安全属性分配。

一般操作系统的强制安全性主要体现在登录前和登录后的访问控制环节。

登录前的访问控制：通过自主访问控制或强制访问控制、身份鉴别等措施限制用户登录操作系统进行访问、读写和执行操作等。

登录后的访问控制：操作系统为每个用户合理分配系统资源，严格控制系统内多用户间的操作，防止相互干扰、信息泄露，并通过使用审计跟踪、安全标记等措施控制用户对数据的访问操作。

2）可信机制

强制安全性能够将安全问题分离和限制在指定的区域，但也会带来隐蔽信道问题，这种问题严重威胁着数据的安全。

可信机制是一种保证交互双方和交互过程可信的机制，能够防止因冒充和隐蔽信道问题产生的威胁。操作系统的可信机制主要涉及隐蔽信道分析机制、可信路径机制和可信恢复机制的内容。隐蔽信道分析机制用于搜索和标识系统中存在的隐蔽信道，并提供分析文档。可信路径机制用于保证重要数据在传输过程中的安全，防止通信数据泄露和被篡改；可信恢复机制用于保证可信系统的正常启动和保证可信进程中断后能正常恢复运行，并通过必要手段来恢复数据信息。

2. 安全保证

操作系统安全还必须提供安全保证，构造安全的应用环境。这个安全环境能够对敏感信息实施可接受的和可控制的有效措施，不影响用户的正常使用，不影响操作系统的升级改造，同时，便于安全管理和维护。

需要注意：操作系统的安全环境也存在安全和保护问题。

12.2 系统的安全功能

操作系统的安全功能非常重要，一般包括以下几个方面。

1. 基本安全功能

自主访问控制：是由系统 TCB(Trusted Computing Base)定义和控制的系统内命名用户对命名客体的访问形式。TCB 通过建立访问控制规则(如访问控制表)来允许命名用户以用户或用户组的身份有限访问客体，阻止非授权用户读取敏感信息，并控制访问权限扩散。根据访问控制的范围，可将自主访问控制策略分为子集访问控制策略和完全访问控制策略两种。

无论是子集访问控制还是完全访问控制，都需要 TSF 提供以下功能：

(1) 在安全属性或命名的安全属性组的客体上执行访问控制 SFP；

(2) 使用在受控客体上的受控操作所管理的受控主体和受控客体间的访问规则，来决定受控主体与受控客体间的操作是否被允许；

(3) 在基于安全属性的授权主体访问客体的附加规则的基础上，授权主体访问客体；

(4) 基于安全属性的拒绝主体对客体访问的规则，实现拒绝主体对客体的访问。

身份鉴别：TCB 初始执行时，首先要求用户标识自己的身份，并使用保护机制(例如口令)来鉴别用户的身份，阻止非授权用户访问用户身份鉴别数据。然后，通过为用户提供一个唯一标识，限制用户的操作行为，并使用户对自己的各种行为负责。

1) 数据鉴别

数据鉴别要求 TSF 提供一种鉴别信息真实性的方法，如数字签名，使用这种方法可以保证特定数据单元的有效性，可利用其验证信息内容没有被伪造或篡改。

2) 用户鉴别

用户鉴别首先要求 TSF 对用户进行同步标识和动作前标识。同步标识是指在被 TSF 标识之前允许用户执行相关操作来确定标识自己的条件，并要求 TSF 对用户进行标识，被成功标识的用户可以执行由其他 TSF 要求的操作；动作前标识是指用户在成功地标识自己后，任何代表该用户的其他 TSF 所要求的操作才能被允许。完成用户标识后，对用户身份的鉴别包括同步鉴别、动作前鉴别、不可伪造鉴别、一次性使用鉴别、多机制鉴别、重新鉴别和受保护的鉴别反馈等内容。

3) 鉴别失败处理

当鉴别失败时，一般要求 TSF 能够在一定时间间隔内尝试重新鉴别，如果数次鉴别都失败的话，则采取相应安全措施进行处理。

4) 用户-主体绑定

用户-主体绑定是指通过某种关系将用户与主体关联到一起。在 TCB 安全功能控制范围内，一个已标识和鉴别的用户为了要求TSF完成某个任务，需要激活另一个主体，如激活某个进程或线程，这时，要求通过用户-主体绑定将该用户与该主体关联，从而将用户的身份与该用户的所有可审计行为相互关联。

2. 数据完整性

系统中的数据主要包括存储在存储介质中的数据、从源发地到目的地的传输数据和正在被处理的数据。

1）存储数据的完整性保护

TCB对存储在TSC内的用户数据进行完整性保护，包括存储数据的完整性检测和恢复。

2）传输数据的完整性保护

TCB对在TSF和其他可信IT产品间传输的数据进行完整性保护，主要涉及数据交换完整性、源数据交换恢复和目的数据交换恢复。

3）处理数据的完整性保护

在计算机信息系统中，对正在处理的数据应能够通过"回退"进行完整性保护，包括基本回退和高级回退。基本回退要求TSF应执行访问控制SFP，以允许对客体列表上的指定操作的回退，并允许在回退可以实施的范围内进行回退操作；而高级回退则允许对客体列表上的所有操作的回退。

3. 客体重用

在TCB的空闲存储客体空间中，对客体初始指定、分配或再分配一个主体之前，撤销客体所含信息的所有授权。当新的主体获得对一个已被释放的客体的访问权时，这个新的主体不能获得原主体活动所产生的任何信息。

在对资源进行动态管理的系统中，客体资源中的剩余信息不应引起信息泄露。这些客体资源包括内存缓冲区、磁盘空间、进程空间、其他记录介质、寄存器和外部设备等内容。对剩余信息保护分为子集信息保护、完全信息保护和特殊信息保护三种情况。

4. 审计

TCB能够创建和维护受保护客体的访问审计和跟踪记录，并能阻止非授权的用户对它进行访问或破坏。TCB能够记录下述事件：

(1) 使用身份鉴别机制；

(2) 将客体引入用户地址空间(如打开文件、程序初始化)；

(3) 删除客体；

(4) 由操作员、系统管理员或系统安全员实施的动作以及其他与系统安全有关的事件。

5. 系统高级安全功能

1）强制访问控制

TCB对所有主体及其所控制的客体以及外部主体能够直接或间接访问的所有资源等实施强制访问控制。

TCB支持两种或两种以上成分组成的安全级，由TCB控制的所有主体对客体的访问应满足以下两点：

(1) 向下读原则；

(2) 向上写原则。

2）标记

为了实施强制访问控制，需要使用标记为用户和客体设定操作属性，这就要求 TSF 能为用户和客体进行标记，即为它们指定安全属性（或称敏感标记）。

TCB 能够维护敏感标记，这些敏感标记与主体及其所控制的存储客体（例如进程、文件、段、设备等）相关，以及与可被外部主体直接或间接访问到的计算机信息系统资源（例如主体、存储客体、只读存储器等）相关。

3）隐蔽信道分析

（1）一般性隐蔽信道分析。

TCB 应通过对隐蔽信道的非形式化搜索，标识出可识别的隐蔽信道，并根据实际测量或工程估量确定每一个被标识信道的最大带宽；应对每个信息流控制策略都搜索隐蔽信道，并提供隐蔽信道分析文档。在分析文档中应说明下列问题：

① 标识出隐蔽信道并估计它们的容量；

② 描述用于确定隐蔽信道存在的过程，以及进行隐蔽信道分析所需要的信息；

③ 描述隐蔽信道分析期间所作的全部假设；

④ 描述最坏的情况下对隐蔽信道容量进行估计的方法；

⑤ 为每个可标识的隐蔽信道描述其最大可能的利用情况。

（2）系统化隐蔽信道分析。

TCB 应通过对隐蔽信道的系统化搜索，标识出可识别的隐蔽信道，并以结构化、可重复的方式标识出隐蔽信道；应对每个信息流控制策略都搜索隐蔽信道，并提供隐蔽信道分析文档。

（3）彻底的隐蔽信道分析。

应通过对隐蔽信道的穷举搜索，标识出可识别的隐蔽信道，并以结构化、可重复的方式标识出隐蔽信道；应提供额外的证据，证明对隐蔽信道的所有可能的搜索方法都已执行。

（4）可信路径。

当连接用户时（如注册、更改主体安全级），TCB 提供它与用户之间的可信通信路径。在这个可信路径上的通信只能由该用户或 TCB 激活，并在逻辑上与其他路径上的通信相互隔离，同时能够正确地加以区分。

（5）可信恢复。

TCB 提供过程和机制，保证计算机信息系统失效或中断后，能够进行可信恢复，而不损害任何安全保护性能。多数情况下，重新启动或安装是唯一可行的可信恢复途径。

4）系统的安全保证

在操作系统中，TCB 构成一个安全的操作系统环境。一个 TCB 由一个或多个可信安全功能模块（TSF）组成，每个 TSF 模块包含了一种或多种安全功能策略（SFP）。由所有的 SFP 构成了一个完整的可信安全功能策略（TSP），即形成一个安全域。这个安全域可以防止不可信主体的干扰和篡改。进而增强了操作系统的安全性，起到了在操作系统内部保护信息安全的积极作用。作为一个置于计算机系统内部的操作系统安全环境，TCB 自身也面临着安全和管理问题。TCB 的安全问题包括 TCB 自身安全、TCB 设计与实现以及安全管理等内容。TCB 自身安全保护包括：保护 TSF 机制的安全和保护 TSF 数据的安全。对 TCB 自身安全保护可能采用与对用户数据安全保护相同的安全策略和机制，也可以采用与对用户数据安全保护完全不同的安全策略和机制。

对 TSF 的保护要求如下：

(1) 系统设计时不应留“后门”,不能违反或绕过安全规则；

(2) 安全结构应是一个独立的、定义完备的系统软件的一个子集,防止外部干扰；

(3) OS 应进行分层设计,OS 程序和用户程序要进行隔离；

(4) 一个进程的虚拟地址空间至少应被分为用户空间和系统空间两个部分,而且,两者需要实行静态隔离。

5) 资源利用

(1) 故障容错。

TCB 应能通过一定措施防止由于 TCB 失效引起的资源能力的不可用,确保在出现故障的情况下,TSF 也能维持正常运行。可将故障容错分为降级故障容错和受限故障容错两种情况。

① 降级故障容错要求在确定的故障情况下 TSF 能继续正确运行指定的功能。

② 受限故障容错要求对标识的故障事件 TSF 能继续正确运行原有功能。

(2) 服务优先级。

TCB 应能通过控制用户和主体对 TSC 内资源的使用,使得高优先级任务的执行不受低优先级任务的影响。

服务优先级可分为有限服务优先级和全部服务优先级。有限服务优先级是将服务优先级的控制范围限定在 TSC 内的某个资源子集上,要求 TSF 对与该资源子集有关的主体定义优先级,并指出对何种资源使用该优先级。全部服务优先级是将服务优先级的控制范围扩大到 TSC 内的全部资源,要求 TSC 内的所有资源都服从服务优先机制,并对相关的主体定义优先级。

(3) 资源分配。

TCB 应能合理分配资源,并通过控制用户和主体对资源的占用,防止拒绝服务的现象发生。目前,资源分配的控制方法主要是最大限额法和最大最小限额法。

最大限额法通过规定用户和主体所能占用的各种资源的最大数量来限制用户和主体对资源的占用。这种方法需要为每个用户和主体建立一个最大资源分配限额的受控资源清单。

最大最小限额法是在最大限额法基础上实现的。它不仅规定了用户和主体所能占用资源的最大数目,还规定了用户和主体至少应占用的资源数目。

12.3 Linux 系统的安全

Linux 安全体系结构的核心组件包括 PAM 认证机制、访问控制机制、特权管理机制、安全审计和其他安全机制等内容。

1. PAM 认证机制

PAM(Pluggable Authentication Modules)是由 Sun 提出的一种认证机制,其目的是提供一个框架和一套编程接口,将认证工作由程序员交给管理员,PAM 允许管理员在多种认证方法之间作出选择,它能够改变本地认证方法而不需要重新编译与认证相关的应用程序。

PAM 为更有效的认证方法的开发提供了便利，在此基础上可以很容易地开发出替代常规的用户名加口令的认证方法。

PAM 的主要功能包括：

(1) 加密口令(包括 DES 以外的算法)；

(2) 对用户进行资源限制，防止 DDOS 攻击；

(3) 允许随意 Shadow 口令；

(4) 限制特定用户在指定时间从指定地点登录；

(5) 支持 C/S 结构的认证交互。

2. 访问控制机制

访问控制机制是用于控制系统中主体对客体的各种操作，如主体对客体的读、写和执行等操作。Linux 支持自主访问控制和强制访问控制操作。

1) 自主访问控制

自主访问控制是比较简单的访问控制机制，其基本思想如下：

(1) 由超级用户或授权用户为系统内的用户设置用户号(UID)和所属的用户组号(GID)，系统内的每个主体(用户或代表用户的进程)都有唯一的用户号，并归属于某个用户组，每个用户组具有唯一的组号。所有的被设置的用户信息均保存在系统的/etc/passwd 文件中，一般情况下，代表用户的进程继承该用户的 UID 和 GID。

(2) Linux 系统利用访问控制矩阵来控制主体对客体的访问。Linux 系统将每一个客体的访问主体区分为客体的属主(u)、客体的属组(g)以及其他用户(o)，并把每一客体的访问模式区分为读(r)、写(w)和执行(x)，所有这些信息构成了一个完整的访问控制矩阵。

(3) 当用户访问客体时，Linux 系统会根据进程的 UID、GID 和文件的访问控制信息来检查用户访问的合法性。

(4) 为维护系统安全性，对于某些客体，普通用户不应具有访问权限，但是由于某种需要，用户又必须能超越对这些客体的受限访问，例如，对于/etc/passwd 文件，用户虽然不具有访问权限，但是又必须允许用户能够修改该文件，以修改自己的密码。针对这类问题，Linux 是通过 setuid/setgid 程序来解决的。setuid/setgid 程序可以使代表普通用户的进程不继承该用户的 UID 和 GID，而是继承该进程所对应的应用程序文件的所有者的 UID 和 GID，即使普通用户暂时获得其他用户身份，并通过该身份访问客体。

2) 强制访问控制

强制访问控制(Mandatory Access Control，MAC)是一种由系统管理员从全系统的角度定义和实施的访问控制，它通过标记系统中的主客体，强制性地限制信息的共享和流动，使不同的用户只能访问到与其相关的、指定范围的信息。

传统的 MAC 都是基于 TCSEC 中定义的 MLS 策略实现的，较典型的强制访问控制机制有 SElinux、RSBAC 和 MAC 等。

(1) SELinux 安全体系结构中的核心组件是一个安全服务器，其中定义了一种混合的安全性策略，它由类型实施(TE)、基于角色的访问控制(RBAC)和多级安全(MLS)三个部分组成。通过替换 SELinux 的安全服务器，可以支持不同的安全策略。SELinux 使用策略配置语言定义安全策略，然后通过 checkpolicy 编译成二进制形式，存储在文件/ss_policy 中，在内核引导时将该策略读到内核空间。

(2) RSBAC(Rule Set Based Access Control)能够基于多个模块提供灵活的访问控制功能。在 RSBAC 中，所有与安全相关的系统调用都扩展了安全实施代码，并利用这些代码调用中央决策部件，然后由该决策部件调用所有被激活的决策模块，形成安全决策，最后再由系统调用扩展来实施这个安全决策。

(3) MAC 可以将一个运行的 Linux 系统分隔成为多个互相独立的(或者互相限制的)子系统，这些子系统可以作为单一的系统来管理。

为了消除对超级用户账户的高度依赖，提高系统安全性，从 Linux 的 2.1 版本开始，在系统内核中引入了权能的概念，实现了基本权能的特权管理机制。这种新的特权管理机制的基本思想如下：

(1) 利用权能把系统内的各种特权进行划分，使同一类的敏感操作具有相同的权能；

(2) 超级用户及其 Shell 在系统启动期间拥有全部权能，而普通用户及其 Shell 不具有任何权能；

(3) 在系统启动后，系统管理员可以随时剥夺超级用户的某些权能；

(4) 用户进程可以自动放弃所具有的某些权能；用户所放弃的权能，在系统运行期间是无法恢复的；

(5) 新创建的进程所拥有的权能是由该进程所代表的用户目前所具有的权能与该进程的父进程的权能进行与运算确定的；

(6) 每个进程的权能被保存在进程控制块的 cap_effective 域中，这是一个 32 位的整数，它的每一位描述一种权能，1 表示拥有与该位相对应的权能，0 表示没有。对于普通用户，仍然可以通过 setuid 程序实现某些特权操作。

3. 特权管理机制

Linux 的特权管理机制是从 UNIX 继承过来的，其基本思想是：

(1) 普通用户没有任何特权，而超级用户拥有系统内的所有特权；

(2) 当进程要进行某种特权操作时，系统检查进程所代表的用户是否为超级用户，即检查进程的 UID 是否为零；

(3) 当普通用户的某些操作涉及特权操作时，通过 setuid/setgid 程序来实现。

在这种特权管理机制下，系统的安全完全掌握在超级用户手上，一旦非法用户获得了这个超级用户的账户，就等于获得对整个系统的控制权，系统将毫无安全可言。

4. 安全审计

Linux 系统中的日志是其安全体系结构中的重要内容之一，它能实时记录所发生的各种操作行为，能为检测攻击行为提供唯一的真实证据。Linux 系统提供了记录网络、主机和用户级日志信息的能力，所记录的内容可以是：

(1) 所有系统和内核的活动信息；

(2) 每一次网络连接和它们的源 IP 地址、长度，有时还包括攻击者的用户名和使用的操作系统；

(3) 远程用户申请访问的各种文件；

(4) 用户可以控制的各种进程；

(5) 具体用户所使用的每一条操作命令。

Linux 系统的安全审计机制是将审计事件分为系统事件和内核事件两类进行管理和维

护的。系统事件是由审计服务进程 syslogd 进行维护和管理的，而内核事件是由内核审计线程 klogd 进行维护和管理的。syslogd 主要用于捕获和记录来自于应用层的日志信息；klogd 主要用于捕获和记录 Linux 的内核信息。

5. 其他安全机制

1）口令保护机制

为了增强口令的安全性，Linux 系统提供了多种口令保护措施，这些保护措施主要有：

(1) 口令脆弱性警告；

(2) 口令有效期；

(3) 一次性口令；

(4) 口令加密算法；

(5) 影子文件；

(6) 账户加锁。

2）自主访问控制的增强机制

Linux 系统提供了限制性 Shell、特殊属性、限制文件加载以及加密文件系统等增强功能。

(1) 限制性 Shell：通过为用户指定一个功能受限的 Shell 来限制用户的某些行为。

(2) 特殊属性：当给文件设定只能追加(append_only)、不可更改(immutable)等特殊属性时，对这些文件的访问只受对应特殊属性的控制而不受自主访问控制机制的控制。同时，只有超级用户才能编辑这些属性值。

(3) 限制文件加载：通过使用带有 mount 选项的 mount 命令或通过配置/etc/fatab 文件，Linux 系统将会按所确定的 mount 选项来加载文件系统。

(4) 加密文件系统(Cryptographic File System，CFS)：就是通过将加密服务引入文件系统来提高系统的安全性。CFS 是基于 NFS 客户/服务器运作的。客户端为 NFS 客户端，服务器端为 CFSD。CFSD 既是响应客户端请求的 NFS 服务器，又是加密/解密引擎。CFSD 通过标准文件系统调用接口与文件系统进行交互。

3）限制超级用户的机制

Linux 系统提供了以下三种限制超级用户操作的方法：

(1) 禁止用户以超级用户账号登录，但可以通过 su 或 sudo 成为超级用户；

(2) 超级用户只能从本地登录系统，严禁通过网络登录；

(3) 禁止通过 su 访问超级用户，只能通过 sudo 监视和控制超级用户访问。

4）网络安全机制

(1) 安全 Shell：安全 Shell 提供了 UNIX/Linux 操作系统中常用的 telnet、rlogin、rsh 和 rcp 等工具的替代程序，这些替代程序具有安全可靠的主机认证、用户身份认证、网上信息加密传输等安全功能。

(2) 入侵检测系统：目前比较流行的入侵检测系统有 Snort、Portsentry 和 Lids 等。利用这些工具，Linux 系统就具备了以下较高级的入侵检测能力。

① 记录入侵企图，当攻击发生时及时通知管理员。

② 当已知攻击发生时，能及时采取事先规定的安全措施。

③ 可以伪装成其他操作系统，向外发送一些错误信息，误导攻击者，使攻击者认为他们

正在攻击一个 Windows NT 或 Solaris 系统。

(3) 防火墙：Linux 系统的防火墙提供了以下一些功能。

① 访问控制能力。

② 安全审计能力。

③ 抗攻击能力。

④ 其他附属功能，如与审计相关的报警和入侵检测，与访问控制相关的身份验证、加密和认证，甚至 VPN 等。

12.4 Iptables 防火墙的使用

防火墙就是用于实现 Linux 下访问控制的功能的，它分为硬件的防火墙和软件的防火墙两种。无论是在哪个网络中，防火墙工作的地方一定是在网络的边缘。所以任务就是需要去定义到底防火墙如何工作，这就是防火墙的策略、规则，以达到让它对出入网络的 IP、数据进行检测。

目前市面上比较常见的有三、四层的防火墙，叫网络层的防火墙，还有七层的防火墙，其实是代理层的网关。

对于 TCP/IP 的七层模型来讲，第三层是网络层，三层的防火墙会在这层对源地址和目标地址进行检测。但是对于七层的防火墙，不管源端口或者目标端口、源地址或者目标地址是什么，都将对所有的东西进行检查。所以，对于设计原理来讲，七层防火墙更加安全，但是这却带来了更低的效率。所以市面上通常的防火墙方案，都是两者结合的。而又由于都需要从防火墙所控制的这个口来访问，所以防火墙的工作效率就成了用户能够访问数据多少的一个最重要的控制，配置得不好甚至有可能成为流量的瓶颈。

1. Iptables 的历史和发展

Iptables 的前身叫 Ipfirewall(内核 1.x 时代)，这是一个作者从 freeBSD 上移植过来的，能够工作在内核当中的，对数据包进行检测的一款简易访问控制工具。但是 Ipfirewall 工作功能极其有限(它需要将所有的规则都放进内核当中，这样规则才能够运行起来，而放进内核这个做法一般是极其困难的)。当内核发展到 2.x 系列的时候，软件更名为 Ipchains，它可以定义多条规则，将它们串起来，共同发挥作用。而现在，它叫做 Iptables，可以将规则组成一个列表，实现绝对详细的访问控制功能。

它们都是工作在用户空间中定义规则的工具，本身并不算是防火墙。它们定义的规则，可以让在内核空间当中的 netfilter 来读取，并且实现让防火墙工作。而放入内核的地方必须要是特定的位置，必须是 TCP/IP 的协议栈经过的地方。而这个 TCP/IP 协议栈必须经过的可以实现读取规则的地方就叫做 netfilter(网络过滤器)。

一共在内核空间中选择了以下五个位置：

(1) 内核空间中，从一个网络接口进来，到另一个网络接口去的位置；

(2) 数据包从内核流入用户空间的位置；

(3) 数据包从用户控件流出的位置；

(4) 进入/离开本机的外网接口；

(5) 进入/离开本机的内网接口。

2. Iptables 的工作机制

从上面的描述，可以得知选择了五个位置来作为控制的地方。是否发现，其实前三个位置已经基本上能将路径彻底封锁了，但是为什么已经在进出的口设置了关卡之后还要在内部设卡呢？

由于数据包尚未进行路由决策，还不知道数据要走向哪里，所以在进出口是没办法实现数据过滤的。所以要在内核空间里设置转发的关卡：进入用户空间的关卡，从用户空间出去的关卡。那么，既然它们没什么用，那为什么还要放置它们呢？因为在做 NAT 和 DNAT 的时候，目标地址转换必须在路由之前转换。所以必须在外网而后内网的接口处进行设置关卡。

这五个位置也被称为五个钩子函数(hook functions)，也叫五个规则链。

(1) PREROUTING(路由前)。

(2) INPUT(数据包流入口)。

(3) FORWARD(转发关卡)。

(4) OUTPUT(数据包出口)。

(5) POSTROUTING(路由后)。

这是 NetFilter 规定的五个规则链，任何一个数据包，只要经过本机，必将经过这五个链中的其中一个链。

3. 防火墙的策略

防火墙策略一般分为两种，一种叫“通”策略，一种叫“堵”策略。通策略，默认门是关着的，必须要定义谁能进。堵策略则是，大门是洞开的，但是必须有身份认证，否则不能进。所以要定义，让进来的进来，让出去的出去，所以通，是要全通，而堵，则是要选择。

当定义策略的时候，要分别定义多条功能，其中：定义数据包中允许或者不允许的策略，filter 过滤的功能，而定义地址转换功能的则是 nat 选项。为了让这些功能交替工作，制定出了“表”这个定义，来定义、区分各种不同的工作功能和处理方式。

现在用得比较多的功能有以下三个。

(1) filter：定义允许或者不允许的。

(2) nat：定义地址转换的。

(3) mangle：功能是修改报文原数据。

修改报文原数据就是来修改 TTL 的，能够实现将数据包的元数据拆开，在里面做标记/修改内容。而防火墙标记，其实就是靠 mangle 来实现的。

对于 filter 来讲，一般只能做在三个链上：INPUT，FORWARD，OUTPUT。

对于 nat 来讲，一般也只能做在三个链上：PREROUTING，OUTPUT，POSTROUTING。

而 mangle 则是五个链都可以做：PREROUTING，INPUT，FORWARD，OUTPUT，POSTROUTING。

Iptables/netfilter(软件)是工作在用户空间的，它可以让规则进行生效，本身不是一种服务，而且规则是立即生效的。而 Iptables 现在被做成了一个服务，可以进行启动、停止。启动，则将规则直接生效；停止，则将规则撤销。

Iptables 还支持自己定义链。但是自己定义的链，必须是跟某种特定的链关联起来的。在一个关卡设定时，指定当有数据的时候专门去找某个特定的链来处理，当那个链处理完之后，再返回，接着在特定的链中继续检查。

命令规则的写法：

iptables 定义规则的方式比较复杂：

格式：iptables [-t table] COMMAND chain CRETIRIA -j ACTION

-t table：3 个 filter nat mangle。

COMMAND：定义如何对规则进行管理。

chain：指定接下来的规则到底是在哪个链上操作的，当定义策略的时候，是可以省略的。

CRETIRIA：指定匹配标准。

-j ACTION：指定如何进行处理。

比如，不允许 172.16.0.0/24 的进行访问。

```
iptables -t filter -A INPUT -s 172.16.0.0/16 -p udp --dport 53 -j DROP
```

如果想拒绝的更彻底：

```
iptables -t filter -R INPUT 1 -s 172.16.0.0/16 -p udp --dport 53 -j REJECT
```

iptables -L -n -v #查看定义规则的详细信息。

规则的次序非常关键，谁的规则越严格，应该放得越靠前，而检查规则的时候，是按照从上往下的方式进行检查的。

4. 详解 COMMAND

1）链管理命令（这都是立即生效的）

-P：设置默认策略（设定默认门是关着的还是开着的）。

默认策略一般只有两种：

Iptables -P INPUT （DROP\ACCEPT） 默认是关的/默认是开的。

比如：

Iptables -P INPUT DROP 这就把默认规则给拒绝了。并且没有定义哪个动作，所以关于外界连接的所有规则，包括 Xshell 连接之类的，远程连接都被拒绝了。

-F：FLASH，清空规则链（注意每个链的管理权限）。

```
Iptables -tnat -FPREROUTING
```

Iptables -tnat -F 清空 nat 表的所有链。

-N：NEW 支持用户新建一个链。

Iptables -N inbound_tcp_web 表示附在 tcp 表上用于检查 Web。

-X：用于删除用户自定义的空链。

使用方法跟-N 相同，但是在删除之前必须要将里面的链给清空了。

-E：用来 Rename chain，主要是用来给用户自定义的链重命名。

```
-E oldname newname
```

-Z：清空链及链中默认规则的计数器（有两个计数器，被匹配到多少个数据包，多少个字节）。

```
Iptables -Z
```

2）规则管理命令

-A：追加，在当前链的最后新增一个规则。

-I num：插入，把当前规则插入为第几条。

-I 3：插入为第三条。

-Rnum：Replays 替换/修改第几条规则。

格式：iptables －R 3

-D num：删除，明确指定删除第几条规则。

3）查看管理命令“-L”

附加子命令如下。

-n：以数字的方式显示 IP，它会将 IP 直接显示出来，如果不加-n，则会将 IP 反向解析成主机名。

-v：显示详细信息。

-vvv：越多越详细。

-x：在计数器上显示精确值，不做单位换算。

--line-numbers：显示规则的行号。

-t nat：显示所有的关卡的信息。

5. 详解匹配标准

(1) 通用匹配：源地址目标地址的匹配。

-s：指定作为源地址匹配，这里不能指定主机名称，必须是 IP。

```
IP|IP/MASK|0.0.0.0/0.0.0.0
```

而且地址可以取反，加一个“!”表示除了那个 IP 之外。

-d：表示匹配目标地址。

-p：用于匹配协议(这里的协议通常有三种：TCP/UDP/ICMP)。

-I eth0：从这块网卡流入的数据，流入一般用在 INPUT 和 PREROUTING 上。

-o eth0：从这块网卡流出的数据，流出一般在 OUTPUT 和 POSTROUTING 上。

(2) 扩展匹配。

① 隐含扩展：对协议的扩展。

-p tcp：TCP 协议的扩展。一般有三种扩展。

--dportXX-XX：指定目标端口，不能指定多个非连续端口，只能指定单个端口，比如，--dport21 或者--dport21-23(此时表示 21,22,23)。

--sport：指定源端口。

--tcp-fiags：TCP 的标志位(SYN,ACK,FIN,PSH,RST,URG)。对于它，一般要跟两个参数：

a. 检查的标志位；

b. 必须为 1 的标志位。

```
-- tcpflags syn,ack,fin,rstsyn = -- syn
```

表示检查这四个位，这四个位中 syn 必须为 1，其他的必须为 0。所以这个意思就是用于检测三次握手的第一次包。对于这种专门匹配第一个包的 SYN 为 1 的包，还有一种简写方式，叫做--syn。

-pudp：UDP 协议的扩展。

```
-- dport
-- sport
```

-picmp：ICMP 数据报文的扩展。

--icmp-type：

echo-request（请求回显），一般用 8 来表示。

所以--icmp-type8 匹配请求回显数据包。

echo-reply（响应的数据包）一般用 0 来表示。

② 显式扩展(-m)

扩展各种模块

-mmultiport：表示启用多端口扩展，之后就可以启用。

比如：--dports21，23，80

6. 详解-j ACTION

常用的 ACTION 如下。

DROP：悄悄丢弃。

一般多用 DROP 来隐藏身份，以及隐藏链表。

REJECT：明示拒绝。

ACCEPT：接受。

custom_chain：转向一个自定义的链。

DNAT：目标地址转换，在刚刚进来的网卡地址做转换。

SNAT：源地址转换，在即将出去的网卡地址做转换。

MASQUERADE：源地址伪装。

REDIRECT（重定向）：主要用于实现端口重定向。

MARK：打防火墙标记。

RETURN：返回。

在自定义链执行完毕后使用 RETURN 来返回原规则链。

例如：只要是来自于 172.16.0.0/16 网段的都允许访问本机的 172.16.100.1 的 SSHD 服务。

分析：首先肯定是在允许表中定义的。因为不需要做 NAT 地址转换之类的，然后查看 SSHD 服务，在 22 号端口上，处理机制是接受，对于这个表，需要有一来一回两个规则，无论允许也好，拒绝也好，对于访问本机服务，最好是定义在 INPUT 链上，而 OUTPUT 再予以定义就好。（会话的初始端先定义），所以加规则如下。

定义进来的：

```
iptables - tfilter - AINPUT - s172.16.0.0/16 - d172.16.100.1 - ptcp -- dport22 - jACCEPT
```

定义出去的：

```
iptables - tfilter - AOUTPUT - s172.16.100.1 - d172.16.0.0/16 - ptcp -- dport22 - jACCEPT
```

将默认策略改成 DROP：

```
iptables - PINPUTDROP
iptables - POUTPUTDROP
iptables - PFORWARDDROP
```

7. 如何写规则

Iptables 定义规则的方式比较复杂。

格式：Iptables[-ttable]COMMAND chain CRETIRIA -jACTION

-ttable：3 个 filter nat mangle。

COMMAND：定义如何对规则进行管理。

chain：指定接下来的规则到底是在哪个链上操作的，当定义策略的时候，是可以省略的。

CRETIRIA：指定匹配标准。

-jACTION：指定如何进行处理。

比如，不允许 172.16.0.0/24 的进行访问：

```
iptables - tfilter - AINPUT - s172.16.0.0/16 - pudp -- dport53 - jDROP
```

当然，如果想拒绝得更彻底，则命令如下：

```
iptables - tfilter - RINPUT1 - s172.16.0.0/16 - pudp -- dport53 - jREJECT
```

iptables-L-n-v 查看定义规则的详细信息。

8. 状态检测

状态检测是一种显式扩展，用于检测会话之间的连接关系，有了检测就可以实现会话间功能的扩展。

什么是状态检测？对于整个 TCP 协议来讲，它是一个有连接的协议，三次握手中，第一次握手就叫 NEW 连接，而从第二次握手以后，ack 都为 1，这是正常的数据传输，和 TCP 的第二次第三次握手，叫做已建立的连接(ESTABLISHED)。还有一种状态，比较诡异，比如，SYN＝1ACK＝1RST＝1，对于这种无法识别的，都称之为 INVALID。还有第四种，FTP 这种古老的拥有的特征，每个端口都是独立的，21 号和 20 号端口都是一去一回，它们之间是有关系的，这种关系称之为 RELATED。

所以状态一共有四种：NEW、ESTABLISHED、RELATED、INVALID。

所以对于刚才的练习题，可以增加状态检测。比如，只允许状态为 NEW 和 ESTABLISHED 的进来，只允许 ESTABLISHED 的状态出去，这就可以对比较常见的反弹式木马有很好的控制机制。

对于练习题的扩展：

进来的拒绝，出去的允许，进来的只允许 ESTABLISHED 进来，出去只允许 ESTABLISHED 出去。默认规则都使用拒绝。

iptables-L-n--line-number：查看之前的规则位于第几行。

改写 INPUT：

```
iptables - RINPUT2 - s172.16.0.0/16 - d172.16.100.1 - ptcp -- dport22 - mstate -- stateNEW,
    ESTABLISHED - jACCEPT
iptables - ROUTPUT1 - mstate -- stateESTABLISHED - jACCEPT
```

此时如果想再放行一个 80 端口的活，如何放行呢？

```
iptables - AINPUT - d172.16.100.1 - ptcp -- dport80 - mstate -- stateNEW,ESTABLISHED - jACCEPT
iptables - RINPUT1 - d172.16.100.1 - pudp -- dport53 - jACCEPT
```

一条规则放行所有。

例如：

假如允许自己 ping 别人，但是别人 ping 自己 ping 不通，如何实现呢？

分析：对于 ping 这个协议，进来的为 8(ping)，出去的为 0(响应)。为了达到目的，需要 8 出去，允许 0 进来。

在出去的端口上：

```
iptables - AOUTPUT - picmp -- icmp - type8 - jACCEPT
```

在进来的端口上：

```
iptables - AINPUT - picmp -- icmp - type0 - jACCEPT
```

小扩展：对于 127.0.0.1 比较特殊，需要明确定义它。

```
iptables - AINPUT - s127.0.0.1 - d127.0.0.1 - jACCEPT
iptables - AOUTPUT - s127.0.0.1 - d127.0.0.1 - jACCEPT
```

9. SNAT 和 DNAT 的实现

由于现在 IP 地址十分紧俏，已经分配完了，这就导致必须要进行地址转换来节约仅剩的一点 IP 资源。那么通过 Iptables 如何实现 NAT 的地址转换呢？

1) SNAT 基于原地址的转换

基于原地址的转换一般用在许多内网用户通过一个外网的口上网的时候，这时将内网的地址转换为一个外网的 IP，就可以实现连接其他外网 IP 的功能。所以，在 Iptables 中就要定义到底如何转换。

定义的样式如下。

比如现在要将所有 192.168.10.0 网段的 IP 在经过的时候全都转换成 172.16.100.1 这个假设出来的外网地址命令如下：

```
iptables - tnat - APOSTROUTING - s192.168.10.0/24 - jSNAT -- to - source172.16.100.1
```

这样，只要是来自本地网络的试图通过网卡访问网络的 IP 地址，都会被统统转换成 172.16.100.1 这个 IP。

那么，如果 172.16.100.1 不是固定的，怎么办？

当使用联通或者电信宽带上网的时候，一般它都会在每次开机的时候随机生成一个外网的 IP，意思就是外网地址是动态变换的。这时就要将外网地址换成 MASQUERADE(动态伪装)：它可以实现自动寻找到外网地址，而自动将其改为正确的外网地址。所以，就需要如下设置：

```
iptables - tnat - APOSTROUTING - s192.168.10.0/24 - jMASQUERADE
```

这里要注意：地址伪装并不适用于所有的地方。

2) DNAT 目标地址转换

对于目标地址转换，数据流向是从外向内的，外面的是客户端，里面的是服务器端。

通过目标地址转换，可以让外面的 IP 通过对外的外网 IP 来访问服务器不同的服务，而服务却放在内网服务器的不同服务器上。

如何做目标地址转换呢？命令如下：

```
iptables - tnat - APREROUTING - d192.168.10.18 - ptcp -- dport80 - jDNAT -- todestination
    172.16.100.2
```

目标地址转换要在到达网卡之前进行，所以要做在 PREROUTING 这个位置上。

10. 控制规则的存放以及开启

注意：所定义的所有内容，当重启的时候都会失效，要想能够生效，需要使用一个命令将它们保存起来。

1) service iptables save 命令

它会保存在/etc/sysconfig/iptables 这个文件中。

2) iptables-save 命令

```
iptables - save >/etc/sysconfig/iptables
```

3) iptables-restore 命令

开机的时候，它会自动加载/etc/sysconfig/iptabels。

如果开机不能加载或者没有加载，而想让一个自己写的配置文件（假设为 iptables.2）手动生效的话，命令如下：

```
iptables - restore </etc/sysconfig/iptables.2
```

运行以上命令则完成了将 Iptables 中定义的规则手动生效。

Iptables 是一个非常重要的工具，它是每一个防火墙上几乎必备的设置，也是在做大型网络的时候，因为很多原因而必须要设置的。学好 Iptables 可以对整个网络的结构有一个比较深刻的了解，同时，还能够将内核空间中数据的走向以及 Linux 的安全掌握得非常透彻。在学习的时候，尽量能结合着各种各样的项目、实验来完成，对加深 Iptables 的配置以及各种技巧有非常大的帮助。

本章小结

本章介绍操作系统的安全问题及其解决的方法。本章以 Linux 操作系统为主介绍了操作系统安全保护的目标。操作系统需要保护数据的完整性、真实性、可用性、保密性和不可抵赖性。为实现保护数据的目标，必须从操作系统的安全使用管理和安全保证两个方面考虑。安全使用管理包括登录操作系统和系统内部操作的安全问题；安全保证应提供安全可靠的操作环境，不应有后门和隐患。最后详细介绍 Iptables 防火墙的使用，可以对操作系统及其网络操作系统的结构有一个比较深刻的了解，也能够将内核空间中数据的走向以及 Linux 的安全掌握得非常透彻。

习　题

1. 简述操作系统有哪些安全问题？
2. 一个较完整的操作系统应具备哪些安全功能？
3. Iptables 定义规则的方式有哪些？

习题答案

第1章　操作系统概述

习题答案

1.

GNU是由Richard Stallman在1984公开发起的。它的目标是创建一套完全自由的操作系统。1985年斯托曼先生创立了自由软件基金会(Free Software Foundation)来为GNU计划提供技术、法律以及财政支持。GNU计划旨在开发一套与UNIX类似的操作系统,这个系统完全由自由软件构成,GNU的目标是编写大量兼容于UNIX系统的自由软件,斯托曼先生进一步解释自由度的意义是:

(1) 用户可以自由执行、复制、再发行、学习、修改和强化自由软件;

(2) 基于自由软件修改再次发布的软件,仍需遵守GPL。

GPL并不排斥对自由软件进行商业性质的包装和发行,也不限制在自由软件的基础上打包发行其他非自由软件。

Linux(UNIX Like):由芬兰一名大学生Linus Torvalds(托瓦兹)于1991年制作,经过多次修改后,正式发布,Linux是GNU计划的产物。

Linux的历史是和GNU紧密联系在一起的。从1983年开始的GNU计划致力于开发一个自由并且完整的类UNIX操作系统,包括软件开发工具和各种应用程序。到1991年Linux内核发布的时候,GNU已经几乎完成了除系统内核之外的各种必备软件的开发。在Linus Torvalds和其他开发人员的努力下,GNU组件可以运行于Linux内核之上。整个内核是基于GNU通用公共许可,也就是GPL(General Pubic License)的,但是Linux内核并不是GNU计划的一部分。

2.

软件:操作系统;硬件:CPU、输入设备、输出设备、控制设备、存储设备。这些硬件设备就是组成计算机的主要部件。为了连接这些设备,就需要用到主板,主板通过各种接口,如PCI插槽、PCI-E插槽、内存槽、CPU槽、IDE接口、SATA接口等,将主板自身与所有外接设备进行连接,并通过其内部的线路通道,使这些设备之间互相连通,从而使它们可以进行数据通信。

3.

1TB=1024 * 1024 * 1024 KB=1 073 741 824KB

4.

内核版本是一串由四个通过句点进行分隔的数字,例如2.6.18.13,其中四个数字都有

不同的意义

(1) 2：主版本号。

(2) 6：次版本号。

(3) 18：末版本号。

(4) 13：修正版本号。

为了能让更多的使用者可以接触 Linux，许多商业性厂商与一些网络虚拟团队开始将 Linux 核心与一些优秀的软件进行结合，加上一些自己的创意，打包成一个完整的 Linux 操作系统，并将其刻录在光盘中进行引导，加入了图形化的安装模式，大大简化了 Linux 系统的安装，使得每个人都可以轻松地将 Linux 安装在自己的计算机上，我们将这种打包的操作系统称为 Linux distribution，如今的 Linux 常见的发行版本已经有几十种，比如 Red Hat Enterprise 是 Red Hat 公司商业化运作的发行版本。

5.

(1) 家庭方面的影响。林纳斯·托瓦兹的外祖父是赫尔辛基的大学老师，从小他的外祖父就让他开始接触计算机，受他外祖父的影响，从小托瓦兹对计算机产生了兴趣。

(2) Minix 系统，GNU 的软件辅助。托瓦兹参考 Minix 的设计理念以及书上的代码，并且借助当时 GNU 项目提供的 bash 和 gcc 等自由软件，这也是他成功必不可或缺的成功条件之一。

(3) 网络的力量。除了林纳斯·托瓦兹的个人力量，他的背后还有广大的志愿者的力量，正是这些素不相识的但对计算机有着共同爱好的志愿者们的加入，为 Linux 的正式发布奠定了重要的基础。

(4) POSIX 标准。当时的 GNU 项目的自由软件是服务在 UNIX 系统上的，Linus Torvalds 为了兼容 UNIX，修改了自己写的 Linux，使得当时所有的软件都能够运行在 Linux 上。

第 2 章　Linux 基本操作

习题答案

1.

绝对路径是指由根目录“/”为起点来表示系统中某个文件或目录的位置的方法。如“/usr/local/bin”。相对路径则是以当前目录为起点，表示系统中某个文件或目录在文件系统中的位置的方法。若当前工作目录是“/usr”，则用相对路径应为“local/bin”或“./local/bin”。

2.

```
[root @localhost ~]# mv /home/test/home/test2
```

3.

```
ls -al ,file,lsattr
```

4.

```
find/ - type f - perm  - 04000  - print
```

第3章 用户管理

习题答案

1.

root 的 UID 与 GID 均为 0。要让 test 具有 root 权限，就将/etc/passwd 中的 test 的 UID 与 GUD 字段变成 0。

命令：useradd -u 0 -o -g root -G root -d /home/test test。

2.

为了让系统能够顺利地以较小的权限运作，系统会有很多账号，如 mail、bin 等。为了确保这些账号能够在系统上面具有独一无二的权限，一般来说，Linux 都会保留一些 UID 给系统使用，小于 500 以下的账号 UID 即是系统账号。

考虑到系统的安全性，有的时候，必须要以某些系统账号来执行程序。比如，Linux 主机上的一套软件，名称是 Apache，可以额外建立一个名称是 apache 的用户来启动 Apache，这样，如果这个程序被攻破，至少系统还不至于崩溃。

3.

密码不要过于简单，密码长度应该在 6 位或 6 位以上，由数字和英文组合，不要采用英文单词等有意义的词汇。

4.

可以执行 usermod -L name 命令锁定该用户。

usermod -U name 命令解锁该用户。

5.

在“/etc/login. defs”、“/etc/defaults/useradd”。

6.

```
usermod -G testgroup1,testgroup2,testgroup3 tom
```

第4章 文件与目录权限

习题答案

1.

(1) root

(2) rw-，文件的所有者拥有读写权限，而没有执行权限。

(3) r--，同组用户只拥有文件的读权限，没有写和执行权。

(4) r--，其他用户只拥有文件的读权限，没有写和执行权。

(5) 不能。

2.

创建/etc/fstab 文件的符号链接(即软链接)的命令：rr ln —s /etc/fstab rr。

查看 rr 文件属性：ls -l rr。

查询结果：lrwxrwxrwx 1 root root 10 6 月 4 10:55 rr->/ect/fstab。

从文件类型和权限角度对结果进行简要分析：符号链接的权限是没有意义的，它是由被链接文件的权限决定的。

3.

(1) umask

(2) mkdir newdirperms

(3) ls -l

(4) rwxr-xr-x，root 是目录所有者，root 是主属组，一个主属组的成员不能够在这个目录中添加文件。

(5) umask 033

(6) 创建目录命令：mkdir renewdirperms；查看主目录中的内容及权限：ls -l，其显示结果为：rwxr--r--。

(7) umask 022。

4.

(1) touch /root/newdirperms/symfile 或者 touch ./newdirperms/symfile。

(2) 查看 symfile 文件的默认权限的命令：ls -l ./newdirperms，文件所有者的权限是 rw-，属组成员的权限是 r--，其他用户的权限是 r--。

(3) chmod o-r ./newdirperms/symfile

(4) chmod go-r. /newdirperms/symfile

5.

(1) 根据 newdirperms 目录权限，除了自己或者属组成员以外的其他用户能够从 newdirperms 目录中拷贝文件。因为 newdirperms 目录对于其他用户也具有读和执行权限。

(2) chmod o-rx ./newdirperms

6.

(1) touch /root/newdirperms/octfile 或者 touch ./newdirperms/octfile。

(2) 通过命令 ls -l ./newdirperms 查询到 octfile 文件的权限 rw-r--r--，所谓用户、属组和其他的数字权限就是指为这些用户的权限提供了一个快捷的数字方式。

(3) 与这个文件的用户、属组和其他权限等同的八进制模式是 644。

(4) chmod 640 ./newdirperms/octfile

(5) chmod 600 ./newdirperms/octfile

7.

(1) 通过命令 ls -l ./newdirperms 查看到 myscript 文件的权限 rw-r--r--。

(2) 命令的响应是 bash: ./myscript: 权限不够，其不执行的原因主要是用户权限不够，缺少执行权限。

(3) chmod 744 myscript。

(4) 通过命令 ls -l myscript 查看到 myscript 文件的权限是 rwxr--r--。

(5) hello!

8.

(1) 通过命令 ls -ld /root/newdirperms 查看到 newdirperms 目录所有者为 root，所属

组为 root。

(2) chown wyp:wyp /root/newdirperms 这里把目录的所有者更改为 wyp,所属者更改为 wyp,此用户和所属者已存在。

(3) chown root /root/newdirperms

chgrp root /root/newdirperms

第 5 章　常用文件内容的查看工具

习题答案

1.

(1)一次显示整个文件,例如: $ cat filename; (2)从键盘创建一个文件,例如: $ cat>filename,只能创建新文件,不能编辑已有文件; (3)将几个文件合并为一个文件,例如: $ cat file1 file2>file。

2.

如果想修改 cat delimiter(就是 cat 一直从标准的输入读,直到你设定的分界符时就停止读,把读的内容输出到指定的文件或者终端)

```
$ cat >> test << - OVER
> this is test sample
> OVER
```

然后就生成一个 test 的文件,打开后文件的内容"this is test sample"。

3.

```
more + 3 log2012.log
输出:
[root@localhost test]# cat log2012.log
2012 - 01
2012 - 02
2012 - 03
2012 - 04 - day1
2012 - 04 - day2
2012 - 04 - day3
[root@localhost test]# more + 3 log2012.log
2012 - 03
2012 - 04 - day1
2012 - 04 - day2
2012 - 04 - day3
[root@localhost test]#
```

4.

```
more + /day3 log2012.log
输出:
[root@localhost test]# more + /day3 log2012.log
… skipping
2012 - 04 - day1
```

```
2012 - 04 - day2
2012 - 04 - day3
2012 - 05
2012 - 05 - day1
====== [root@localhost test]#
```

5.

```
more -5 log2012.log
输出:
[root@localhost test]# more -5 log2012.log
2012 - 01
2012 - 02
2012 - 03
2012 - 04 - day1
2012 - 04 - day2
```

说明：如下所示，最下面显示了该屏展示的内容占文件总行数的比例，按 Ctrl＋F 键或者空格键将会显示下一屏 5 条内容，百分比也会跟着变化。

6.

```
ls -l  | more -5
输出:
[root@localhost test]#  ls -l  | more -5
总计 36
-rw-r--r-- 1 root root  308 11-01 16:49 log2012.log
-rw-r--r-- 1 root root   33 10-28 16:54 log2013.log
-rw-r--r-- 1 root root  127 10-28 16:51 log2014.log
lrwxrwxrwx 1 root root    7 10-28 15:18 log_link.log -> log.log
-rw-r--r-- 1 root root   25 10-28 17:02 log.log
-rw-r--r-- 1 root root   37 10-28 17:07 log.txt
drwxr-xr-x 6 root root 4096 10-27 01:58 scf
drwxrwxrwx 2 root root 4096 10-28 14:47 test3
drwxrwxrwx 2 root root 4096 10-28 14:47 test4
```

说明：

每页显示 5 个文件信息，按 Ctrl＋F 键或者空格键将会显示下 5 条文件信息。

第 6 章　Shell 编程

习题答案

1. 通过命令 echo ＄SHELL 来实现查看当前 Linux Shell 的类型。大多数系统默认的 Shell 类型为/bin/bash。

2. PATH 变量是用于保存用冒号分隔的目录路径名，Shell 将按 PATH 变量中给出的顺序搜索，找到的第一个与命令名称一致的可执行文件将被执行。

(1) PATH＝/user/local/bin:/usr/bin:/bin:/bin/Kerberos/bin:/～bin:

(2) 按照 PATH 变量的顺序，Shell 会先执行/usr/bin 中的 doit 文件。

(3) PATH＝＄PATH:/usr/games

3. read atest

4. echo $ $

5.

```
a="echo littlegirl"
$a
```

其中变量名可以自己定义。

6.

(1)
```
declare -i sum=100+300+50
echo $sum
```

(2)

```
a=3
b=5
echo $[$a+$b]
```

(3) `echo Your cost is \$5.00`

(4)

```
declare -x sum
export sum
```

7.

(1) zach

(2) $person

(3) zach

第 7 章　Linux 程序开发

习题答案

1.

```
a=18
b=38
echo $(($a+$b))
```

2.

```
clear
echo "******************************"
echo "           Hello World! …"
echo "******************************"
```

3.

```
echo $0
```

4.

```
for i in 1 2 3 4 5
do
if test -s f$i
then echo f$i is not null
else rm -f f$i
fi
done
ls -dl f? |more
```

5.

```
if test -e /mnt/floppy/fd0tree
then rm -f /mnt/floppy/fd0tree
else echo the file is not exist
fi
for i in 0 1 2 3 4 5 6 7 8 9
do
mkdir /mnt/floppy/temp$i
done
ls -dl temp? |more
touch /mnt/floppy/fdotree
tree /mnt/floppy > /mnt/floppy/fdotree
for i in 0 1 2 3 4 5 6 7 8 9
do
rm -rf /mnt/floppy/temp$i
done
ls -dl temp? |more
tree /mnt/floppy >> /mnt/floppy/fdotree
```

6.

```
if test $1 -ge 1 -a $1 -le 5
then echo Value is not more than 5 and not less than 1.
fi
if test $1 -gt 5
then echo Value is more than 5
fi
```

7.

程序 sht7：sh sub1

程序 sub1：

```
for i in 0 1 2 3 4 5 6 7 8 9
do
for j in 0 1 2 3 4 5 6 7 8 9
do mkdir USER$i$j
done
done
```

8.

If 结构：

```
clear
k = $2
if test $k -eq 1
    then  cal 1 $1
          cal 2 $1
cal 3 $1
fi

if test $k -eq 2
    then  cal 4 $1
          cal 5 $1
cal 6 $1
fi
if test $k -eq 3
    then  cal 7 $1
          cal 8 $1
cal 9 $1
fi
if test $k -eq 4
    then  cal 10 $1
          cal 11 $1
cal 12 $1
fi
```

case 结构：

```
clear
case $2 in
1)
cal 1 $1
cal 2 $1
cal 3 $1;;
2)
cal 4 $1
cal 5 $1
cal 6 $1;;
3)
cal 7 $1
cal 8 $1
cal 9 $1;;
4)
cal 10 $1
cal 11 $1
cal 12 $1;;
esac
```

9.

while 语句：

```
i = 1
sum = 0
while test $ i - le 100
  do
      sum = $ (( $ sum + $ i))
      i = $ (( $ i + 1))
  done
echo "sum is $ sum"
```

untile 语句：

```
i = 100
sum = 0
untile test $ i - le 0
    do
      sum = $ (( $ sum + $ i))
      i = $ (( $ i - 1))
    done
echo "sum is $ sum"
```

10.

通过键盘输入 answer 变量值，若值为 y 或 Y，则显示“fine，continue”；若值为 n 或 N，则显示“ok，good bye”；否则显示“error choice”。

11.

使用命令：cat /etc/password | tee file4

执行结果(以下不同情况显示不同)：

```
[root@localhost root]# cat file4
root:x:0:0:root:/root:/bin/bash
bin:x:1:1:bin:/bin:/sbin/nologin
daemon:x:2:2:daemon:/sbin:/sbin/nologin
adm:x:3:4:adm:/var/adm:/sbin/nologin
lp:x:4:7:lp:/var/spool/lpd:/sbin/nologin
sync:x:5:0:sync:/sbin:/bin/sync
shutdown:x:6:0:shutdown:/sbin:/sbin/shutdown
```

12.

使用命令：ls -l| wc

13.

使用命令：find / -name info > info. out 2> info. error

运行结果(以下不同情况显示不同)：

```
[root@localhost root]# cat info.out
/proc/sys/dev/cdrom/info
/etc/gconf/gconf.xml.defaults/schemas/desktop/gnome/url-handlers/info
/etc/gconf/gconf.xml.defaults/desktop/gnome/url-handlers/info
/usr/bin/info
/usr/lib/gcc-lib/i386-redhat-linux/3.2.2/include/gnu/java/beans/info
/usr/share/doc/automake14-1.4p6/info
/usr/share/doc/texinfo-4.3/info
/usr/share/info
/usr/local/share/info
[root@localhost root]# cat info.error
find: /proc/2463/fd: 没有那个文件或目录
[root@localhost root]#
```

14.

```
cal -y > calendar
cat calendar
cal 2010 > calendar
cat calendar
```

发现 calendar 文件显示 2010 年的日历。

若实现不能重写已有文件,则使用 set -o noclobber 命令设置。

15.

```
echo happy birthday > bday
echo to you >> bday
```

16.

```
cat /etc/passwd | sort -t ';' -k 3
```

第 8 章　Linux 下 C 程序实践

1.

```
main()
{
  int i = 0;
  do{
    printf(" * ");
    ++i;
  }while(i < 10);
  printf("\n");
}
```

用 vi 编辑器建立 C 源程序文件 star.c 的方法如下:

(1) 输入命令"vi　star.c",启动 vi;

(2) 按命令"i",进入 vi 的插入状态;

(3) 输入程序内容;

(4) 按<Esc>键,再输入":",切换到 vi 的命令状态;

(5) 最后输入命令"wq",保存文件内容后,退出 vi。

至此,C 源程序文件 star.c 已建立。

2.

调试方法如下:

(1) 对源程序进行编译,在 Shell 提示符下,输入命令"gcc　-g　star.c　-o　star",屏幕提示如习题图 8-1 所示。

(2) 如果出现 Shell 提示符,说明编译成功,此时可用 ls 命令查看当前目录,可看到目标程序文件 star,如习题图 8-2 所示。

```
[root@localhost /root]# gcc -g star.c -o star
[root@localhost /root]#
```

习题图 8-1

```
[root@localhost /root]# ls
Xrootenv.0  mbox       shex1      shp1       shp4       star.c
core        nsmail     shex2      shp2       shp5       trivial.pl
ex2         pic.bmp    shex3      shp3       star
[root@localhost /root]#
```

习题图 8-2

3.

跟踪调试的方法如下：

(1) 启动 GDB 并运行程序 star。在 Shell 提示符下，输入命令“gdb star”，出现 GDB 的提示符(gdb)如习题图 8-3 所示。

```
[root@localhost /root]# gdb star
GNU gdb 4.17.0.4 with Linux/x86 hardware watchpoint and FPU support
Copyright 1998 Free Software Foundation, Inc.
GDB is free software, covered by the GNU General Public License, and you are
welcome to change it and/or distribute copies of it under certain conditions.
Type "show copying" to see the conditions.
There is absolutely no warranty for GDB.  Type "show warranty" for details.
This GDB was configured as "i386-redhat-linux"...
(gdb)
```

习题图 8-3

(2) 在(gdb)提示符下。输入命令“l　1,7”，屏幕输出 star 源程序，如习题图 8-4 所示。

```
(gdb) l 1,7
1       main()
2       {int i=0;
3        do{printf("*");
4          ++i;
5         }while(i<10);
6        printf("\n");
7       }
(gdb)
```

习题图 8-4

(3) 将断点设在源程序的第 5 行。在(gdb)提示符下，输入命令“b 5”，如习题图 8-5 所示。

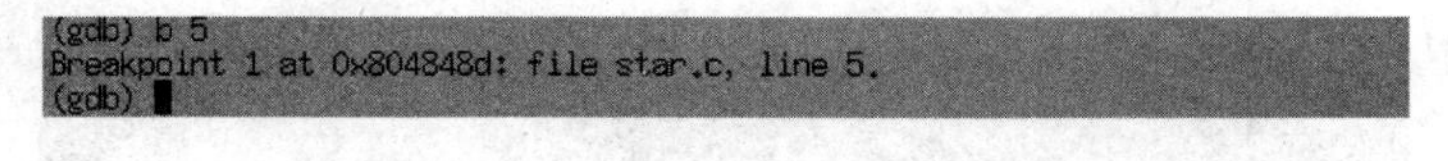

(gdb) b 5
Breakpoint 1 at 0x804848d: file star.c, line 5.
(gdb)

习题图 8-5

(4) 程序在断点处暂停运行。在(gdb)提示符下，输入命令“r”，屏幕提示如习题图 8-6 所示。

(gdb) r
Starting program: /root/star
Breakpoint 1, main () at star.c:5
5   }while(i<10);
(gdb)

习题图 8-6

(5) 在(gdb)提示符下，输入命令“p　i”，屏幕上显示变量 i 的值，如习题图 8-7 所示。

(6) 在(gdb)提示符下，输入命令“c”，程序从断点处继续运行至下一断点，重复(5)、(6)的操作至变量 i 的值为 3，如习题图 8-8 所示。

```
(gdb) p i
$1 = 1
(gdb)
```

习题图 8-7

```
$2 = 2
(gdb) c
Continuing.

Breakpoint 1, main () at star.c:5
5          }while(i<10);
(gdb) p i
$3 = 3
(gdb)
```

习题图 8-8

(7) 在(gdb)提示符下，输入命令“info break”，屏幕显示出所有设置的断点，如习题图 8-9 所示。

```
(gdb) info break
Num Type           Disp Enb Address    What
1   breakpoint     keep y   0x0804848d in main at star.c:5
        breakpoint already hit 3 times
(gdb)
```

习题图 8-9

(8) 在(gdb)提示符下，输入命令“d”，屏幕提示如习题图 8-10 所示。

```
(gdb) d
Delete all breakpoints? (y or n) y
(gdb)
```

习题图 8-10

(9) 在(gdb)提示符下，输入命令“info break”，屏幕提示没有断点，如习题图 8-11 所示。

```
(gdb) info break
No breakpoints or watchpoints.
(gdb)
```

习题图 8-11

(10) 在(gdb)提示符下，输入命令“c”，程序一直运行到结束，屏幕上输出程序的运行结果，如习题图 8-12 所示。

```
(gdb) c
Continuing.
**********

Program exited with code 01.
(gdb)
```

习题图 8-12

(11) 在(gdb)提示符下，输入命令“q”，退出 gdb。

4. 实例

(1) 建立 C 源程序 p1.c，程序内容如下：

```
main()
{int i,j,k;
 i=4;
```

```
 do{
  for (j = 0;j < 2 * i - 1;++j)
     printf(" ");
  for(k = 0;k < 9 - 2 * i;++k)
     printf(" * ");
     printf("\n");
  }while( -- i > 0);
  i = 3;
  do{
  for(j = 0;j < 9 - 2 * i;++j)
     printf(" ");
  for(k = 0;k < 2 * i - 1;++k)
     printf(" * ");
       printf("\n");
  }while( -- i > 0);
}
```

(2) 用 GCC 编译器编译该程序,其目标程序以 p1 命名且可用 GDB 进行调试。

(3) 试运行该程序,用 GDB 对该程序进行调试,直至产生习题图 8-13 所示的执行结果。

习题图 8-13

(4) 编写程序 p2,当执行命令"p2 file1 file2",实现复制文件 file1 成 file2。

5. Linux 设备编程

利用扬声器发声的频率,让扬声器唱歌。

1) 音调的制作简介

中央 C 的频率为 523.3,D 为 587.3,E 为 659.3,F 为 698.5,G 为 784.0 ……,综合如习题表 8-1 所示。

习题表 8-1

音阶	频率	音阶	频率	音阶	频率
C0	262	C	523	C1	1047
C0 #	277	C #	554	C1 #	1109
D0	294	D	587	D1	1175
D0 #	311	D #	622	D1 #	1245
E0	330	E	659	E1	1319
F0	349	F	698	F1	1397
F0 #	370	F #	740	F1 #	1480
G0	392	G	784	G1	1568
G0 #	415	G #	831	G1 #	1661
A0	440	A	880	A1	1760
A0 #	466	A #	932	A1 #	1865
B0	497	B	988	B1	1976

2）实例扬声器唱歌

(1) 小蜜蜂歌谱

5 33	4 22	12 34	55 5
5 33	4 22	13 55	1 -
11 11	1 23	33 33	34 5
5 33	4 22	13 55	1 -

说明：

① 半音的音长为 250 毫秒。

② 全音的音长为 500 毫秒。

③ 二拍的音长为 1000 毫秒。

(2) 程序代码

```
#include <fcntl.h>
#include <stdio.h>
#include <stdlib.h>
#include <string.h>
#include <unistd.h>
#include <sys/ioctl.h>
#include <sys/types.h>
#include <linux/kd.h>

int main(int argc, char **argv)
{
    int console_fd;                        //扬声器设备文件句柄
    int i;                                 //循环变量
    int s[ ] = {784,659,659,698,587,587,523,587,659,698,784,784,787};
      //第一句乐句的音阶的频率
    int len[ ] = {500,250,250,500,250,250,250,250,250,250,250,250,500};
      //每一个音阶的发声长度

    //打开控制台,失败则结束程序
    if ((console_fd = open ("/dev/console", O_WRONLY)) == -1)
    {
      fprintf(stderr, "Failed to open console.\n");
      perror("open");
      exit(1);
    }

    //扬声器开始唱歌
    for (i = 0; i < 13; i++)
    {
      int magical_fairy_number = 1190000/s[i];
      ioctl(console_fd, KIOCSOUND, magical_fairy_number);//发声一个音阶
      usleep(1000 * len[i]);                           //延长响声,即节拍长度
      ioctl(console_fd, KIOCSOUND, 0);                 //一个音阶的节拍唱完,停止发声
      usleep(1000 * 50);               // 每个音阶之间的停顿,即不发声延迟
      }                                //for i 唱下一个音阶
}                                      //main()
```

第 9 章 Linux 系统管理

1. 将/root 下文件 install. log 和 install. log. syslog 进行打包为 install. tar，打包后放在/tmp 目录下。然后将 install. tar 文件用 gzip 进行压缩。注意比较压缩前后文件大小的不同。

```
[root@localhost root]# ls
anaconda-ks.cfg  -C  install.log  install.log.syslog  root  Screenshot.png
[root@localhost root]# tar -cvf /tmp/install.tar install.*
install.log
install.log.syslog
[root@localhost root]# ls
anaconda-ks.cfg  -C  install.log  install.log.syslog  root  Screenshot.png
[root@localhost root]# cd /tmp
[root@localhost tmp]# ls
etc.tar  etc.tar.bz2  etc.tar.gz  install.tar  jd_sockV4  kde-root  orbit-root  ssh-XXsWtrHm  ssh-XXVK9Ois
[root@localhost tmp]#
```

```
[root@localhost tmp]# ls
etc.tar  etc.tar.bz2  etc.tar.gz  install.tar  jd_sockV4  kde-root  orbit-root  ssh-XXsWtrHm  ssh-XXVK9Ois
[root@localhost tmp]# gzip install.tar
[root@localhost tmp]# gzip -l install.tar
         compressed        uncompressed  ratio uncompressed_name
              13697               61440  77.8% install.tar
[root@localhost tmp]#
```

2. 删除/root 目录下的文件 install. log 和 install. log. syslog，然后将备份的文件还原到/root 目录下。

```
root@localhost:
文件(F)  编辑(E)  查看(V)  终端(T)  转到(G)  帮助(H)
[root@localhost tmp]# cd /root
[root@localhost root]# ls
anaconda-ks.cfg  -C  install.log  install.log.syslog  root  Screenshot.png
[root@localhost root]# rm install*
rm: 是否删除一般文件 'install.log'? y
rm: 是否删除一般文件 'install.log.syslog'? y
[root@localhost root]# tar -zxvf /tmp/install.tar.gz
install.log
install.log.syslog
[root@localhost root]# ls
anaconda-ks.cfg  -C  install.log  install.log.syslog  root  Screenshot.png
[root@localhost root]#
```

3. 将整个/etc 目录下的文件全部打包成为/tmp/etc. tar. gz。

```
# cd /etc
# tar - cvzf /tmp/etc.tar.gz  *
```

4. 查阅/tmp/etc. tar. gz 文件内有哪些文件？

```
#tar - tzvf  /tmp/etc.tar.gz
```

5. 将/tmp/etc. tar. gz 文件解压缩到/usr/local/src 下面。

```
# cd /tmp
# tar - zxvf etc.tar.gz  - C /usr/local/src
```

6. 使用命令“rpm -qi” 查看 httpd-2. 2. 3-31. el5. centos. i386. rpm 的信息，并回答以下问题：

(1) 查询是否安装了 httpd 软件包。

(2) 若没有安装,刚使用 rpm 命令进行安装;如果安装了,刚将其卸载,然后再安装。

(3) 安装后查询是否已经安装成功,然后卸载该软件包。

(4) 查询该软件包的信息。

7. 熟悉源代码软件包的管理方法与命令

获取 ntfs-3g_ntfsprogs-2012.1.15.gz。解包解压缩(命令提示:tar -zxvf ntfs-3g_ntfsprogs-2012.1.15.gz)。进入解包解压缩目录(命令提示:cd ntfs-3g_ntfsprogs-2012.1.15)配置安装在/opt/ntfs 目录(命令提示:./configure-prefix=/opt/ntfs)使用 make 和 make install 命令编译和安装。

第10章 Linux 内核机制

1.

答:进程是具有一定独立功能的程序关于一个数据集合的一次运行活动。进程具有以下主要特性。

(1) 并发性:可以与其他进程一道在宏观上同时向前推进。

(2) 动态性:进程是执行中的程序。此外进程的动态性还体现在如下两个方面:首先,进程是动态产生、动态消亡的;其次,在进程的生存期内,其状态处于经常性的动态变化之中。

(3) 独立性:进程是调度的基本单位,它可以获得处理机并参与并发执行。

(4) 交往性:进程在运行过程中可能会与其他进程发生直接或间接的相互作用。

(5) 异步性:每个进程都以其相对独立、不可预知的速度向前推进。

(6) 结构性:每个进程有一个控制块 PCB。进程和程序的相同点:程序是构成进程的组成部分之一,一个进程存在的目的就是执行其所对应的程序,如果没有程序,进程就失去了其存在的意义。

进程与程序的差别如下:

(1) 程序是静态的,而进程是动态的。

(2) 程序可以写在纸上或在某一存储介质上长期保存,而进程具有生存期,创建后存在,撤销后消亡。

(3) 一个程序可以对应多个进程,但一个进程只能对应一个程序;例如,一组学生在一个分时系统中做 C 语言实习,他们都需要使用 C 语言的编译程序对其源程序进行编译,为此每个学生都需要有一个进程,这些进程都运行 C 语言的编译程序。另外,一个程序的多次执行也分别对应不同的进程。

2.

答:通常,系统中的进程队列分为如下三类:

(1) 就绪队列:整个系统一个。所有处于就绪状态的进程按照某种组织方式排在这一队列中,进程入队列和出队列的次序与处理机调度算法有关。在某些系统中,就绪队列可能有多个,用以对就绪进程分类,以方便某种调度策略的实施。

(2) 等待队列:每个等待事件一个,当进程等待某一事件时,进入与该事件相关的等待队列中;当某事件发生时,与该事件相关的一个或多个进程离开相应的等待队列,进入就绪队列。

(3) 运行队列：在单 CPU 系统中只有一个，在多 CPU 系统中每个 CPU 各有一个，每个队列中只有一个进程，指向运行队列头部的指针被称作运行指示字。

3.

答：假如在时刻 T1 与时刻 T2 之间发生了进程切换，则在时刻 T1 与时刻 T2 之间一定执行了处理机调度程序，而处理机调度程序是操作系统底层中的一个模块，运行于管态，说明在 T1 与 T2 时刻之间处理机状态曾由目态转换到管态。由于中断是系统由目态转换为管态的必要条件，所以在时刻 T1 与时刻 T2 之间一定发生过中断，也就是说，中断是进程切换的必要条件，然而中断不是进程切换的充分条件。

例如，一个进程执行一个系统调用命令将一个消息发给另外一个进程，该命令的执行将通过中断进入操作系统，操作系统处理完消息的发送工作后可能返回原调用进程，此时中断未导致进程切换；也可能选择一个新的进程，此时中断导致了进程切换。

第 11 章　Linux 网络管理

1.

OSI 网络管理标准定义了网络管理的最基本的五大功能，分别是：配置管理、性能管理、故障管理、安全管理和计费管理。

2.

```
/etc/dhcpd/dhcp.conf
{
subnet 192.168.38.0 netmask 255.255.255.0;          (网段以及掩码)
  range 192.168.38.10 192.168.38.253;               (定义地址池)
  default-lease-time 600;                           (默认租约时间)
  max-lease-time 3600;                              (最大租约时间)
          option domain-name-servers 202.102.192.68;
}
```

3.

利用 bind 软件将主机动性 dns.linux.net 主机制作成一个 DNS 服务器；

具体要求如下：

(1) 该服务器负责正向区域 linux.net 的解析，且 IP 地址为 192.168.3.1。

(2) linux.net 区域的 mail 服务器是 192.168.30.2。

(3) 在 linux.net 区域中有一条记录分别是 www.linux.net。

ip：192.168.3.1 mail.linux.net ip：192.168.3.1。

(4) 将 dns.linux.net 主机的 DNS 服务器 IP 为 192.168.3.1。

配置过程：

```
#vi /etc/named.conf
```

在文件添加以下内容：

```
zone"linux.net" IN {
```

```
TYPE MASTER;
FILE "LINUX.ZONE";
};
#cd /var/named
#cp localhost.zone linnx.zone]
#vi linux.zone
$TTL 886400
$ORIGIN LINUX.NET-(1)
@ ID SOA @ ROOT
ID IN NS 192.168.3.1
ID IN A 192.168.3.1
WWW. IN A 192.168.3.1
MAIL IN A 192.168.3.1
LINUX.NET IN MX 8 192.168.3.2
#vi /etc/resolv.conf
```

添加如下选项：

```
nameserver 192.168.3.1
```

第12章 操作系统的安全

1. 操作系统的安全问题主要是漏洞、后门、恶意利用、篡改、误操作和管理缺陷等问题。

2. (1)基本安全功能；(2)数据完整性；(3)客体重用；(4)审计；(5)系统高级安全功能。

3. Iptables 定义规则的方式比较复杂。

格式：iptables [-t table] COMMAND chain CRETIRIA -j ACTION

-t table: 3 个 filter nat mangle.

COMMAND：定义如何对规则进行管理。

chain：指定你接下来的规则到底是在哪个链上操作的，当定义策略的时候，是可以省略的。

CRETIRIA：指定匹配标准。

-j ACTION：指定如何进行处理。

比如，不允许 172.16.0.0/24 的进行访问。

```
iptables -t filter -A INPUT -s 172.16.0.0/16 -p udp --dport 53 -j DROP
```

参考文献

[1] 何学仪，陆虹，等. Linux上机实践教程. 北京：中国民航出版社，2000.

[2] Linux现在处于什么地位. http://www.shtarena.com/3gjswz/20121111/776.html.

[3] 周苏. 操作系统原理实验(修订版). 北京：科学出版社，2009.

[4] (美)Bruce Molay Understanding UNIX/Linux Programming A Guide to Theory and Practice. 北京：清华大学出版社，2004.

[5] 鸟哥，许伟，林彩娥. Linux鸟哥的Linux私房菜. 北京：人民邮电出版社，2007.

[6] Linux. http://baike.baidu.com/view/1634.htm?fromId=46577.

[7] (美)布卢姆(Blum，R.)布雷斯纳汉(Bresnahan. C.). 图灵程序设计丛书. 北京：人民邮电出版社，2012.

[8] Linux的由来. http://www.doc88.com/p-609824068525.html.

[9] RHCE认证考试教材. http://www.linuxidc.com/Linux/2012-05/60846.htm.

[10] Greg Holden. 防火墙与网络安全. 北京：清华大学出版社，2004.

[11] Linux网络管理. http://wenku.baidu.com/view/22a72f08f12d2af90242e665.html.

[12] Linux下DNS服务器的配置. http://os.chinaunix.net/a2005/0418/954/000000954585.shtml.

[13] iptables详解. http://blog.chinaunix.net/uid-26495963-id-3279216.html.

图书资源支持

感谢您一直以来对清华版图书的支持和爱护。为了配合本书的使用，本书提供配套的资源，有需求的读者请扫描下方的“书圈”微信公众号二维码，在图书专区下载，也可以拨打电话或发送电子邮件咨询。

如果您在使用本书的过程中遇到了什么问题，或者有相关图书出版计划，也请您发邮件告诉我们，以便我们更好地为您服务。

我们的联系方式：

地　　址：北京海淀区双清路学研大厦 A 座 707

邮　　编：100084

电　　话：010－62770175－4604

资源下载：http://www.tup.com.cn

电子邮件：weijj@tup.tsinghua.edu.cn

QQ：883604(请写明您的单位和姓名)

资源下载、样书申请

书圈

用微信扫一扫右边的二维码，即可关注清华大学出版社公众号“书圈”。